ABITUR 2013

Prüfungsaufgaben mit Lösungen

Mathematik

Grundkurs
Gymnasium
Sachsen

2010–2012

STARK

ISBN 978-3-8490-0137-7

17. ergänzte Auflage
www.stark-verlag.de

Inhalt

Abiturprüfung Nachtermin 2010

Abiturprüfung 2011

Abiturprüfung Nachtermin 2011

Abiturprüfung 2012

Jeweils zu Beginn des neuen Schuljahres erscheinen die neuen Ausgaben der Abiturprüfungsaufgaben mit Lösungen.

Autorin:

Marion Genth, Schönborn: Musteraufgaben 1 und 2 sowie Lösungen aller Aufgaben

Vorwort

Liebe Abiturientin, lieber Abiturient,

mit diesem Buch helfen wir Ihnen, sich effektiv auf die **zentrale Abiturprüfung 2013 im Fach Mathematik (Grundkurs) in Sachsen** vorzubereiten. Aufgrund des umfangreichen Stichwortverzeichnisses eignet sich das Material aber auch zur gezielten **Vorbereitung auf Klausuren**.

Genaue Informationen und wertvolle Hinweise über die Struktur der Prüfung erfahren Sie in dem Abschnitt **„Hinweise und Tipps zum Zentralabitur"**. Dort erhalten Sie auch ausführliche Ratschläge zum Umgang mit dem CAS-Rechner in der Prüfung.

Der Hauptteil des Bandes enthält

- zwei **Musteraufgaben im Stil der Abiturprüfung**,
- die **offiziellen abiturähnlichen Musteraufgaben** des Sächsischen Staatsministeriums für Kultus (im Buch bezeichnet als „Musteraufgabe 3") sowie
- die **Abitur-Prüfungsaufgaben der Jahrgänge 2010 bis 2012**.

Zu allen Aufgaben finden Sie von mir ausgearbeitete **vollständige Lösungsvorschläge** sowie separate **Tipps zum Lösungsansatz**, die den Einstieg in die Aufgabe erleichtern und dazu beitragen, die Aufgabe **möglichst selbstständig** zu lösen.

Mithilfe der Musteraufgaben und der offiziellen Abituraufgaben gewinnen Sie einen Eindruck von Inhalt, Struktur, Umfang und Schwierigkeitsgrad der Prüfung und durch das Bearbeiten vieler Aufgaben auch zunehmende Sicherheit bei deren Lösung. Beginnen Sie deshalb rechtzeitig mit der Vorbereitung auf die Prüfung.

Sollten nach Erscheinen dieses Bandes noch wichtige Änderungen in der Abitur-Prüfung 2013 vom Sächsischen Staatsministerium für Kultus bekannt gegeben werden, finden Sie aktuelle Informationen dazu im Internet unter:
http://www.stark-verlag.de/info.asp?zentrale-pruefung-aktuell

Viel Erfolg für die Prüfungsvorbereitung und für das Abitur!

Marion Genth

Stichwortverzeichnis

Das Verzeichnis gliedert sich in die drei Themenbereiche Analysis, Geometrie/Algebra und Stochastik.
Folgende Abkürzungen wurden zur Kennzeichnung der einzelnen Aufgaben gewählt:

M1/A 1.1	**M**usteraufgabe **1**, Teil **A**, Teilaufgabe **1.1**
M3/B 2.3	**M**usteraufgabe **3**, Teil **B**, Aufgabe 2, Teilaufgabe **2.3**
10/B 1.1	Abitur 20**10**, Teil **B**, Aufgabe 1, Teilaufgabe **1.1**
N10/A 2	**N**achtermin Abitur 20**10**, Teil **A**, Teilaufgabe **2**

Analysis

Geometrie/Algebra

Stochastik

Hinweise und Tipps zum Zentralabitur

Ablauf der Prüfung

Die zentrale schriftliche Abiturprüfung

Im Land Sachsen gibt es im Fach Mathematik zentrale schriftliche Abiturprüfungen getrennt nach Leistungskurs und Grundkurs.
Die Prüfungsinhalte richten sich nach den einheitlichen Prüfungsanforderungen aller Länder (EPA) und dem Lehrplan für das allgemeinbildende Gymnasium in Sachsen im Fach Mathematik.

Aufbau der Prüfungsarbeit

Seit dem **Schuljahr 2009/2010** besteht die Prüfungsarbeit aus den zu bearbeitenden **Prüfungsteilen A** und **B**.

Dabei sind von jedem Prüfungsteilnehmer zu bearbeiten:

- Im Teil A mehrere Pflichtaufgaben zu grundlegenden Problemen der Analysis, Geometrie/Algebra und Stochastik
- Im Teil B bis zu drei Pflichtaufgaben, die Probleme der Analysis, Geometrie/Algebra und Stochastik enthalten

Die Aufgaben im Prüfungsteil B berücksichtigen auch Aspekte der

- Vernetzung von Inhalten unterschiedlicher mathematischer Teilgebiete,
- Anwendung mathematischer Kenntnisse und Fähigkeiten auf praxisorientierte Sachverhalte,
- selbstständigen Auswahl und flexiblen Anwendung grundlegender mathematischer Kenntnisse und Fähigkeiten bei offener Fragestellung.

Ergänzende Hinweise zum Prüfungsinhalt:
In den Aufgabenstellungen werden Kompetenzen im

- mathematischen Modellieren,
- algorithmisch-kalkülmäßigen Arbeiten sowie
- Interpretieren und Beurteilen von Lösungen und Lösungswegen

in einem ausgewogenen Verhältnis berücksichtigt.

Im Prüfungsteil B können für einzelne Aufgaben zwei Varianten vorgegeben werden:

- Variante I für Schüler, die einen GTR ohne CAS benutzen.
- Variante II für Schüler, die einen GTR mit CAS bzw. ein CAS auf der Grundlage einer anderen Plattform benutzen.

Dauer der Prüfung

Für die Bearbeitung der Aufgaben stehen dem Schüler im **Grundkurs 240 Minuten** zur Verfügung.
Die Materialien und alle vom Schüler angefertigten Aufzeichnungen zum **Prüfungsteil A** werden **60 Minuten** nach Arbeitsbeginn vom Aufsicht führenden Lehrer eingesammelt.

Zugelassene Hilfsmittel

Die für die schriftliche Abiturprüfung im Fach Mathematik zugelassenen Hilfsmittel sind:

- grafikfähiger, programmierbarer Taschenrechner (GTR) mit oder ohne Computer-Algebra-System (CAS) im **Prüfungsteil B**
- Tabellen- und Formelsammlung im **Prüfungsteil B**
- Wörterbuch der deutschen Rechtschreibung
- Zeichengeräte

Sämtliche Entwürfe und Aufzeichnungen gehören zur Abiturarbeit und dürfen nur auf den für die Prüfung ausgeteilten Aufgabenblättern des Teil A bzw. dem ausgeteilten Papier „Blätter für Reinschrift und Konzept bei schriftlichen Abiturarbeiten“ angefertigt werden.

Leistungsanforderungen und Bewertungen

Für die Bewertung der Prüfungsarbeiten gilt der folgende verbindliche Bewertungsmaßstab:

- Teil A: erreichbar sind 15 BE,
- Teil B: erreichbar sind 45 BE.

Insgesamt sind 60 Bewertungseinheiten (BE) erreichbar.

Es erfolgt die Anwendung folgender Bewertungsskala:

BE	Punkte	Noten
60 … 58	15	1+
57 … 55	14	1
54 … 52	13	1–
51 … 49	12	2+
48 … 46	11	2
45 … 43	10	2–
42 … 40	9	3+
39 … 37	8	3
36 … 34	7	3–
33 … 31	6	4+
30 … 28	5	4
27 … 25	4	4–
24 … 21	3	5+
20 … 17	2	5
16 … 13	1	5–
12 … 0	0	6

Das Korrekturverfahren umfasst mehrere Etappen:

- Die Erstkorrektur der Prüfungsarbeit führt der im Kurs unterrichtende Fachlehrer durch. Die Zweitkorrektur erfolgt durch einen Mathematiklehrer eines anderen Gymnasiums. Beide Lehrer bewerten die Arbeit unabhängig voneinander.
- Bei abweichenden Korrekturergebnissen zwischen Erst- und Zweitkorrektur um bis zu drei Punkte ist zur Festlegung der Bewertung das arithmetische Mittel zu bilden. Ergibt sich keine ganze Punktzahl, so ist aufzurunden.
- Bei abweichenden Korrekturergebnissen zwischen Erst- und Zweitkorrektur um mehr als drei Punkte oder bei einem Korrekturergebnis entweder des Erst- oder Zweitkorrektors von 0 Punkten setzt ein Drittkorrektor innerhalb des durch Erst- und Zweitkorrektors vorgegebenen Bewertungsrahmens die endgültige Punktzahl fest.

In die Bewertung gehen zunächst einmal die **fachliche Richtigkeit** und die **Vollständigkeit** ein. In die Bewertung gehen aber auch die **Darstellungsqualität** (u. a. richtiger Einsatz der Fachsprache, exakte mathematische Darstellung) und die **Sprachrichtigkeit** (Rechtschreibung, Grammatik, Zeichensetzung) ein. Bei schwerwiegenden und gehäuften Verstößen gegen die sprachliche Richtigkeit in der deutschen Sprache oder gegen die äußere Form kann jeweils ein Punkt der einfachen Wertung abgezogen werden.

Operatoren und Anforderungsbereiche

Bei der Formulierung der zentralen Prüfungsaufgaben werden sogenannte **Operatoren** verwendet, die sicherstellen, dass alle Schüler und Lehrer unter einer bestimmten Aufgabenstellung das Gleiche verstehen. Damit Sie die Aufgabenstellungen korrekt erfassen können, ist es unerlässlich, sich intensiv mit diesen Operatoren auseinanderzusetzen.

Die Operatoren sind für alle Aufgabenbereiche und Schwierigkeitsgrade einheitlich.
Im Folgenden finden Sie eine Liste wesentlicher Operatoren bei der Nutzung des grafikfähigen Taschenrechners.

Operatoren im Aufgabentext	**Schülertätigkeiten**	**Beispiele**
Geben Sie … an, Nennen Sie …	Ergebnis numerisch oder verbal formulieren, ohne Darstellung des Lösungswegs und ohne Begründung.	Musteraufgabe 3 B 1.1; 2010 B 1.1, B 2.2; N 2010 B 2.4, B 2.5; 2011 A 2, B 1.1, B 2.1; 2012 B 1.4
Skizzieren Sie …	Die wesentlichen Sachverhalte angeben.	
Beschreiben Sie …	Darstellen eines Sachverhalts oder Verfahrens in Textform unter Verwendung der jeweiligen Fachsprache. I. d. R. sollten grammatikalisch vollständige Sätze gebildet werden.	Musteraufgabe 1 B 2.3
Ermitteln Sie …, Bestimmen Sie …	Lösungsweg darstellen und Ergebnis formulieren; die Wahl der Mittel (z. B. grafisch oder numerisch) bleibt offen. Durch Einschränkungen wie „Ermitteln Sie grafisch“ oder „Bestimmen Sie rechnerisch“ wird die Verwendung der Werkzeugebenen des GTR beschränkt. Die Verwendung von GTR-Programmen ist grundsätzlich gestattet, jedoch muss auf die Nutzung eines Programms (ggf. auch Ein- und Ausgabedaten) verwiesen werden. Beim grafischen Ermitteln von Lösungen kann dies durch das Anfertigen einer Zeichnung auf Papier oder durch die Darlegung der Lösungsschritte beim grafischen Lösen mit GTR erfolgen. Das Abzeichnen des Displaybildes ist nicht notwendig.	2010 A 4, B 1.3, B 2.5; N 2010 B 1.1, B 2.1; 2011 A 5, B 1.3; 2012 A 2, B 2.2

Operatoren im Aufgabentext	Schülertätigkeiten	Beispiele
Berechnen Sie …	Ergebnis von einem Ansatz ausgehend durch Rechenoperationen gewinnen. Die Nutzung des GTR einschließlich von GTR-Programmen ist zulässig, lediglich die grafische Werkzeugebene ist ausgeschlossen. Wird die Angabe von Zwischenschritten gewünscht, ist dies in der Aufgabenstellung auszuweisen, z. B. durch „Leiten Sie … her“, „Stellen Sie Zwischenschritte der Berechnung dar“, „Geben Sie Zwischenschritte für die Ermittlung einer allgemeinen Lösung an“ oder „Geben Sie Zwischenergebnisse an“.	2010 B 1.7, B 2.6; N 2010 A 4, B 1.6; 2011 A 3, B 1.6, B 1.7; 2012 A 4.2
Zeichnen Sie …, Stellen Sie … grafisch dar	Den Sachverhalt maßstäblich darstellen, konstruktive Elemente nutzen, ggf. Wertepaare berechnen.	Musteraufgabe 3 B 2.1; Musteraufgabe 1 B 2.1
Untersuchen Sie …	Eigenschaften von oder Beziehungen zwischen Objekten herausfinden und darstellen.	Musteraufgabe 2 B 2.4; 2010 B 2.4; N 2010 B 1.7
Zeigen Sie …, Weisen Sie nach …, Beweisen Sie …, Begründen Sie …	Eine Aussage, einen mathematischen Satz nach gültigen Schlussregeln bestätigen (durch eine Herleitung oder eine logische Begründung).	Musteraufgabe 3 B 1.2; 2010 A 3, B 1.2; N 2010 B 1.3, B 2.1; 2011 A 2, B 2.1, B 2.6; 2012 B 1.1

Methodische Hinweise oder allgemeine Tipps zur schriftlichen Prüfung

Vorbereitung

- Bereiten Sie sich **langfristig** auf die Abiturprüfung vor und fertigen Sie sich eine Übersicht über die von Ihnen zu bearbeitenden Themen, Inhalte und Verfahren an. Teilen Sie die Inhalte in sinnvolle Teilbereiche ein und legen Sie fest, bis wann Sie welchen Teilbereich bearbeitet haben wollen.
  Es ist zweckmäßig, alle schriftlichen Bearbeitungen der gelösten Aufgaben übersichtlich aufzubewahren, um eine spätere Wiederholung zu erleichtern.
- Benutzen Sie zur Prüfungsvorbereitung neben diesem Übungsbuch ihre **Unterrichtsaufzeichnungen** und die Lehrbücher.
- Verwenden Sie während der Prüfungsvorbereitung grundsätzlich die **Hilfsmittel**, die auch in der Prüfung zugelassen sind. Prägen Sie sich wichtige Seiten in Ihrer Formelsammlung ein und nutzen Sie Ihren Taschenrechner mit allen Funktionen.

- Oft ist der Zeitfaktor ein großes Problem. Testen Sie, ob Sie eine Aufgabe in der vorgegebenen Zeit allein lösen können. **Simulieren Sie selbst eine Prüfungssituation.**
- Gehen Sie optimistisch in die Prüfung. Wer sich gut vorbereitet, braucht sich keine Sorgen zu machen.

Bearbeitung der Prüfung

- Es ist hilfreich, wenn Sie bei der **Analyse** der Aufgabenstellungen wichtige Angaben (z. B. gegebene Größen, Lösungshinweise, Operatoren) **farbig markieren**.
- Um den Lösungsansatz zu einer Aufgabe zu finden oder die gegebene Problemstellung zu veranschaulichen, kann das **Anfertigen einer Skizze** nützlich sein.
- Beachten Sie, dass in manchen Teilaufgaben **„Zwischenlösungen"** angegeben sind, die Ihnen als Kontrolle dienen bzw. mit denen Sie weiterarbeiten können.
- Falls Sie bei einer Aufgabe gar nicht weiterkommen, so halten Sie sich nicht zu lange daran auf. Versuchen Sie, mit der nächsten Teilaufgabe oder mit einer völlig anderen Aufgabe weiterzuarbeiten. Wenn Sie die anderen Aufgaben bearbeitet haben, kommen Sie nochmals auf die angefangene Aufgabe zurück und versuchen Sie in Ruhe, eine Lösung zu finden.
- Orientieren Sie sich an der angegebenen Anzahl der **Bewertungseinheiten (BE)**: Je mehr BE es für einen Aufgabe gibt, desto mehr Zeit sollte für die Bearbeitung eingeplant werden.
- Achten Sie auf die **sprachliche Richtigkeit** und eine saubere **äußere Form** Ihrer Lösungen.

Lösungsplan

Aufgrund des Umfangs und der Komplexität von Aufgaben auf Abiturniveau empfiehlt es sich, beim Lösen systematisch zu arbeiten. Folgende Vorgehensweise hilft Ihnen dabei:

Schritt 1:
Nehmen Sie sich ausreichend Zeit zum **Analysieren** der Aufgabenstellung. Ordnen Sie die Aufgabenstellung dem entsprechenden Themenbereich zu. Sammeln Sie alle Informationen, welche direkt gegeben sind, und achten Sie darauf, ob evtl. versteckte Informationen enthalten sind.

Schritt 2:
Markieren Sie die **Operatoren** in der Aufgabenstellung. Diese geben an, was in der Aufgabe von Ihnen verlangt wird. Verdeutlichen Sie sich die Bedeutung der verwendeten Fachbegriffe.

Schritt 3:
Versuchen Sie, den Sachverhalt zu veranschaulichen. Fertigen Sie gegebenenfalls mithilfe der Angaben und Zwischenergebnisse aus vorherigen Teilaufgaben eine **Skizze** an.

Schritt 4:
Erarbeiten Sie nun schrittweise den **Lösungsplan**, um aus den gegebenen Größen die gesuchte Größe zu erhalten. Notieren Sie sich, welche Einzel- bzw. Zwischenschritte auf dem Lösungsweg notwendig sind. Prinzipiell haben Sie zwei Möglichkeiten, oft hilft auch eine Kombination beider Vorgehensweisen:

- Sie gehen vom Gegebenen aus und versuchen, das Gesuchte zu erschließen.
- Sie gehen vom Gesuchten aus und überlegen „rückwärts", wie Sie zur Ausgangssituation kommen.

Schritt 5:
Suchen Sie nach geeigneten Möglichkeiten, das Ergebnis zu **kontrollieren**. Oftmals sind bereits Überschlagsrechnungen, Punktproben und Grobskizzen ausreichend.

Anhand der folgenden **Beispielaufgabe** werden diese Schritte verdeutlicht:

Gegeben ist die Funktion f durch $y = f(x) = \frac{1}{2}x^2 \cdot e^{-\frac{1}{2}x} \quad (x \in \mathbb{R})$.

a) Untersuchen Sie die Funktion auf Extrempunkte. Stellen Sie alle Lösungsschritte übersichtlich dar.

b) Weisen Sie nach, dass die Funktion F mit $F(x) = e^{-\frac{1}{2}x} \cdot (-x^2 - 4x - 8)$ eine Stammfunktion der Funktion f ist.

   Der Graph der Funktion f, die Parabel g mit der Gleichung

   $$y = g(x) = -\frac{1}{2}x^2 + 2x \quad (x \in \mathbb{R})$$

   und die Gerade $x = 2$ begrenzen im Intervall [0; 2] eine Fläche vollständig.
   Weisen Sie ohne Verwendung von Näherungswerten nach, dass der Inhalt der Fläche $\left(\frac{20}{e} - \frac{16}{3}\right)$ beträgt.

Lösungsvorschlag für Teilaufgabe a:

Schritt 1:
Themenbereich: Kurvendiskussion

Schritt 2:

- Der Operator „Untersuchen Sie" bedeutet, mögliche Eigenschaften herauszufinden und darzulegen.
- Unter Extrempunkten versteht man Hoch- oder Tiefpunkte.

Schritt 3:
Eine Darstellung des Graphen mit dem GTR ist sinnvoll. So sind alle berechneten Werte sofort überprüfbar.

Schritt 4:
Ausgehend von der Funktion werden mögliche Extremstellen berechnet und Art und Lage der Extrempunkte bestimmt:

- Man bestimmt die Ableitungsfunktion durch Anwendung von Produkt- und Kettenregel:
  $$f'(x) = e^{-\frac{1}{2}x} \cdot \left(x - \frac{1}{4}x^2\right)$$
  Die Nullstellen der Ableitungsfunktion sind die möglichen Extremstellen:
  $$0 = e^{-\frac{1}{2}x} \cdot \left(x - \frac{1}{4}x^2\right) \quad \Leftrightarrow \quad 0 = x - \frac{1}{4}x^2 = x\left(1 - \frac{1}{4}x\right) \quad \Leftrightarrow \quad x = 0 \lor x = 4$$
- Ob tatsächlich Extremstellen vorliegen, lässt sich durch Einsetzen in die zweite Ableitung prüfen:
  $$f''(x) = e^{-\frac{1}{2}x} \cdot \left(1 - x + \frac{1}{8}x^2\right)$$
  $f''(0) = 1 > 0 \quad \Rightarrow$ lokales Minimum bei $x = 0$
  $f''(4) = -e^{-2} < 0 \quad \Rightarrow$ lokales Maximum bei $x = 4$
- Um die Lage angeben zu können, benötigt man noch die y-Koordinate. Dazu werden die Extremstellen in die Funktionsgleichung eingesetzt:
  $f(0) = 0$
  $f(4) = 8e^{-2}$
- Ergebnis:
  Tiefpunkt $E_{Min}(0 \mid 0)$ und Hochpunkt $E_{Max}(4 \mid 8e^{-2})$

Schritt 5:
Um die Ergebnisse zu prüfen, stellt man den Graphen der Funktion im GRAPH-Menü dar und lässt sich die Koordinaten der Extrempunkte anzeigen.

Lösungsvorschlag für Teilaufgabe b:

Schritt 1:

- Themenbereich: Flächenberechnung mithilfe eines Integrals
- Der Flächeninhalt soll ohne Verwendung von Näherungswerten bestätigt werden, d. h., eine ausführliche Rechnung ohne Nutzung des GTR ist notwendig.

Schritt 2:

- Der Operator ist „Weisen Sie nach", das bedeutet, dass die Aussage durch eine Herleitung oder logische Begründung zu bestätigen ist. Die Funktion und die zugehörige Stammfunktion sind dabei gegeben.

- Um zu zeigen, dass F(x) eine Stammfunktion von f(x) ist, kann entweder f(x) integriert oder F(x) abgeleitet werden. Es muss dann gelten: $F'(x) = f(x)$. Da das Bilden der Ableitung leichter ist als die Funktion zu integrieren, bietet es sich hier an, die Stammfunktion abzuleiten:

$$F(x) = e^{-\frac{1}{2}x} \cdot (-x^2 - 4x - 8)$$

$$F'(x) = \frac{1}{2}x^2 \cdot e^{-\frac{1}{2}x} \quad \Rightarrow \quad F'(x) = f(x) \quad \text{q. e. d.}$$

- Um den Flächeninhalt nachzuweisen, muss man den Flächeninhalt der Fläche zwischen den beiden Funktionsgraphen im vorgegebenen Intervall mittels Integral berechnen.

Schritt 3:
Mittels GTR veranschaulicht man sich den Sachverhalt, indem man die beiden Graphen und die Gerade $x = 2$ im GRAPH-Menü zeichnen lässt.

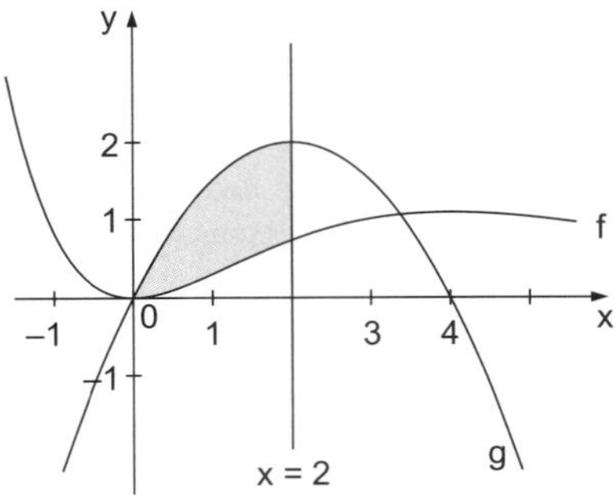

Schritt 4:
Wie aus der Skizze erkennbar ist, bestimmt man den Flächeninhalt mit folgendem Ansatz:

$$A = \int_0^2 [g(x) - f(x)]\,dx = \int_0^2 \left[-\frac{1}{2}x^2 + 2x - f(x)\right] dx$$

Dabei sind die Integrationsgrenzen die Intervallgrenzen.

Für die Berechnung der Fläche benötigt man die angegebene Stammfunktion:

$$A = \left[-\frac{1}{6}x^3 + x^2 - e^{-\frac{1}{2}x} \cdot (-x^2 - 4x - 8)\right]_0^2$$

Damit ergibt sich für das Integral:

$$A = \left(-\frac{4}{3} + 4 - e^{-1} \cdot (-4 - 8 - 8)\right) - \left(-e^0 \cdot (-8)\right) = \frac{8}{3} + \frac{20}{e} - 8 = \frac{20}{e} - \frac{16}{3} \quad \text{q. e. d.}$$

Schritt 5:
Eine Prüfung des Ergebnisses ist hier nur möglich, indem man mittels GTR das Integral berechnet und prüft, ob der so ermittelte Näherungswert gut mit dem gegebenen exakten Wert übereinstimmt.

Hinweise und Tipps zum Lösen von Aufgaben mit dem CAS-Rechner

Schülerinnen und Schüler, die im Unterricht mit einem CAS gearbeitet haben, bearbeiten in Teil B die dafür vorgesehenen Aufgabenteile.

1. Wichtig ist, bei der Benutzung von Variablen zu kontrollieren, ob diese nicht bereits benutzt bzw. belegt worden sind. Dies kann schnell festgestellt werden, indem der Eingabeterm mit dem Ausgabeterm verglichen wird.
   Dieses Verfahren impliziert, dass Terme zuerst eingegeben bzw. berechnet und dann erst beim nächsten Schritt abgespeichert werden.
2. Mit dem Befehl *DelVar* (siehe Befehlsliste) können Variablen gelöscht werden. Dies ist besonders bei der Verwendung von Variablen im Zusammenhang mit einer neuen Aufgabe zu beachten. Die TI-CAS-Rechner unterscheiden bei Variablen auch nicht zwischen Groß- und Kleinschreibung.
3. Es kommt z. B. beim Lösen von Gleichungen mit mehreren bzw. unendlich vielen Lösungen vor, dass der TI-CAS-Rechner nicht alle Lösungen berechnen kann. Deshalb sollte der Warnhinweis *„weitere Lösungen möglich“* in der untersten Zeile des Rechners beachtet werden. Es ist dann z. B. anderweitig zu prüfen, ob alle Lösungen im gewünschten Intervall berechnet wurden.

Arbeiten mit dem CAS-Rechner

In diesem Abschnitt werden die wichtigsten Befehle und Methoden dargestellt, mit denen mathematische Aufgaben mithilfe eines CAS-Rechners von Texas Instruments bearbeitet werden. Zum Teil werden auch die Verfahren beschrieben, die vom CAS-Rechner benutzt werden.
Jeder CAS-Rechner von Texas Instruments bietet alle Befehle und Methoden eines GTR und zusätzlich viele Rechenverfahren der Algebra und Analysis.
Elementare Grundkenntnisse in der Bedienung eines CAS-Rechners werden vorausgesetzt.

Das methodische Konzept

Das methodische Konzept des Arbeitens mit einem CAS-Rechner ist die Fenster-Methode (Windows-Shuttle-Method), d. h., verschiedene Aufgaben werden in dazugehörigen Fenstern bearbeitet.
Das Standardfenster ist das APPS-Fenster, das beim Einschalten bzw. mit der [APPS]-Taste geöffnet wird.
Die anderen Fenster, Applikationen oder Programme werden mit dem zugehörigen Icon (Symbol) im APPS-Fenster oder mit den Schnelltasten angewählt.

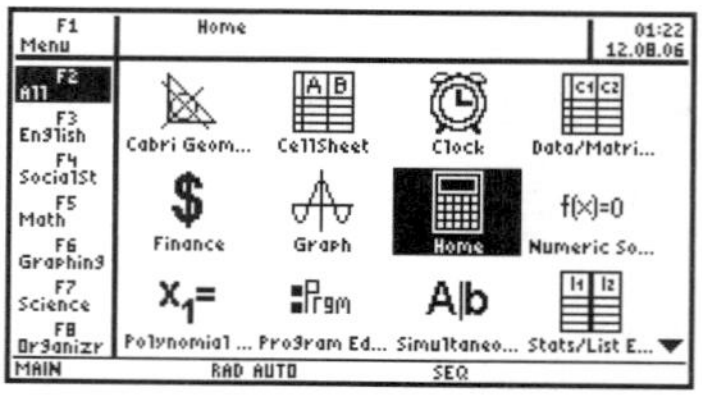

Häufig benötigte Fenster, die im APPS-Fenster oder mit den Schnelltasten aktiviert werden, sind:

- Das **HOME-** bzw. **CALC-Fenster** zum numerischen und algebraischen Rechnen.
  [◆][HOME]
- Das **Y = -Fenster** zur Eingabe von Funktionen, deren Schaubilder gezeichnet werden sollen, und von Plots zur Darstellung von Daten. Die Eingabe von Funktionen erfolgt entsprechend der gewählten Darstellungsform.
  [◆][Y=]
- Das **WINDOW-Fenster** zur Einstellung des GRAPH-Fensters.
  [◆][WINDOW]
- Das **GRAPH-Fenster** zur Darstellung und Untersuchung von Schaubildern bzw. Diagrammen.
  [◆][GRAPH]
- Das **TBLSET-Fenster** zur Eingabe des Startwerts und der Schrittweite der Wertetabelle.
  [◆][TBLSET]
- Das **TABLE-Fenster** für Wertetabellen der Funktionen.
  [◆][TABLE]

In dem aus drei Seiten bestehenden MODE-Fenster können die Grundeinstellungen des CAS-Rechners geändert werden. Das MODE-Fenster wird mit der [MODE]-Taste geöffnet.

Die Grundeinstellungen im MODE-Fenster sind:

Seite 1

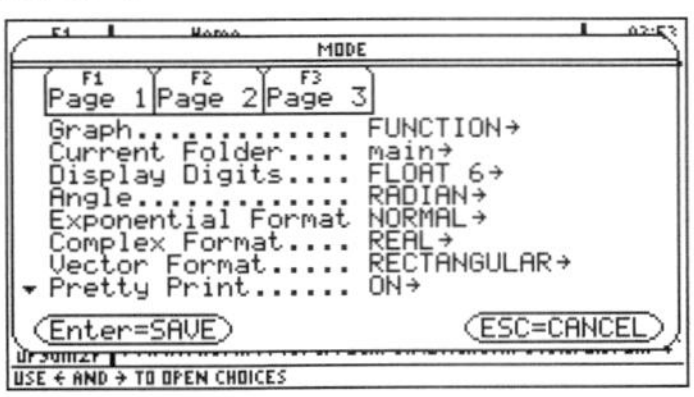

Seite 2

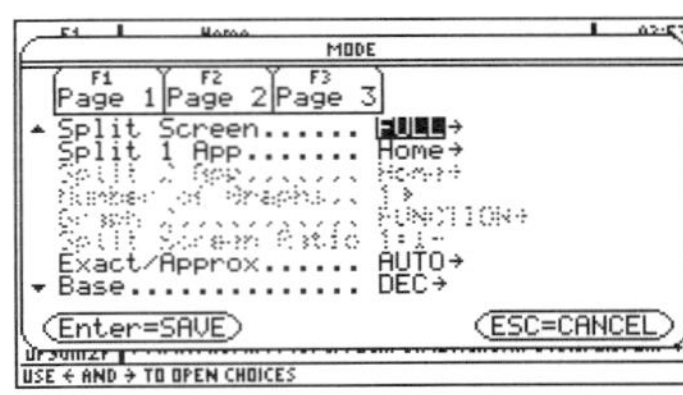

Seite 3

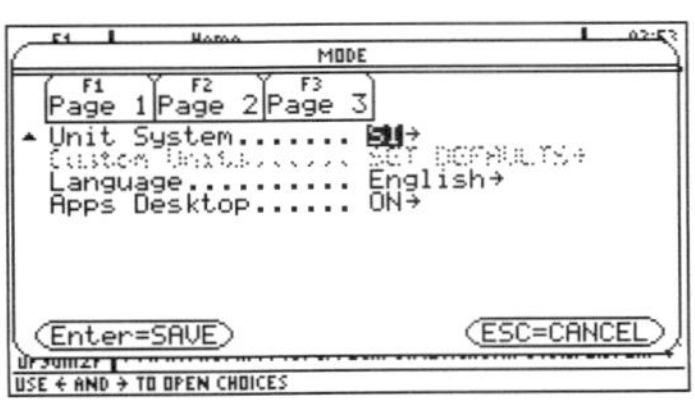

Ferner gibt es drei Möglichkeiten, Befehle einzugeben:

- Buchstabe für Buchstabe oder
- über Tasten bzw. Menüs oder
- aus dem CATALOG-Fenster mit der Tastenfolge [2nd][CATALOG]. Durch Drücken eines Buchstabens springt die Marke ▸ zum ersten Befehl, der mit diesem Buchstaben beginnt.

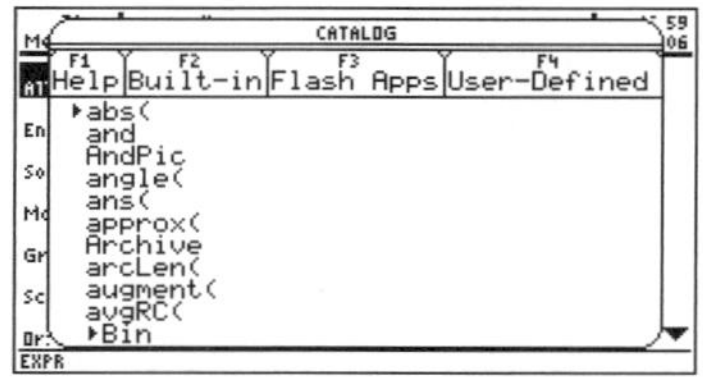

Numerik und Algebra

Alle Taschenrechner rechnen mit 14 Ziffern. In dieser Zahlenmenge gelten viele Rechenregeln nicht, z. B. gibt es Rundungsfehler bei der digitalen Darstellung von Zahlen, bei den Algorithmen usw. Die CAS-Rechner rechnen immer algebraisch. Wenn algebraische Lösungen existieren, werden diese ausgegeben, ansonsten Näherungslösungen. Wenn im Term ein Dezimalpunkt bzw. eine Dezimalzahl auftritt, rechnen die CAS-Rechner immer numerisch. Es ist sinnvoll, bei anwendungsorientierten Aufgaben die Dezimalzahlen als Bruchzahlen einzugeben, algebraisch zu rechnen und die Ergebnisse dann wieder als Dezimalzahlen anzugeben.

Beispiele:
Mit dem solve-Befehl werden Gleichungen und Gleichungssysteme gelöst:

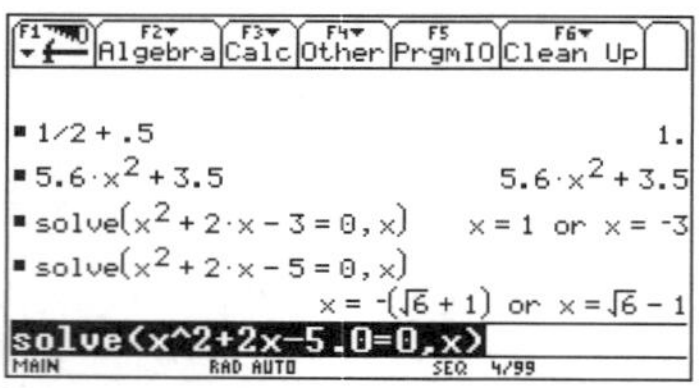

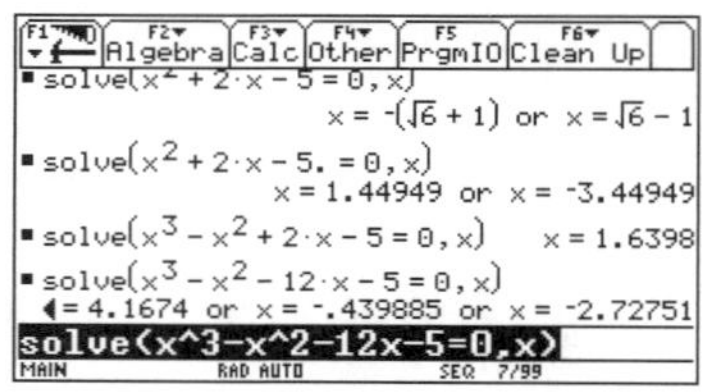

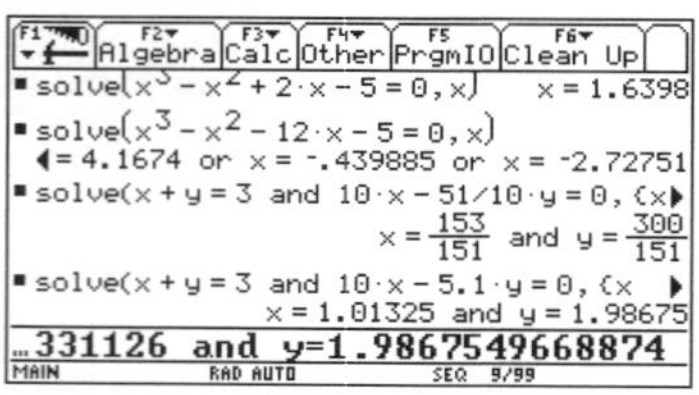

Bearbeiten von Termen

Die Befehle zum Bearbeiten von Termen befinden sich im [F2]-Algebra Menü.

Terme werden bei der Eingabe sofort gekürzt, jedoch wird die Definitionsmenge dabei nicht beachtet.

Zum Testen der Gleichheit von zwei Termen wird deren Differenz oder die Gleichung eingegeben, wobei aber die Definitionsmenge nicht beachtet wird.

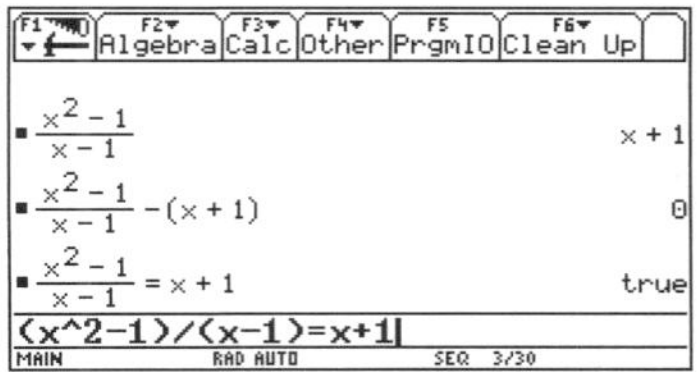

Der Wert eines Terms an einer Stelle wird am einfachsten mit dem „with-Operator“ berechnet. Der „with-Operator“ wird mit der Tastenfolge [2nd][|] eingegeben und erscheint als | auf dem Bildschirm.

Mit dem „with-Operator“ kann auch die Definitionsmenge eingeschränkt werden.

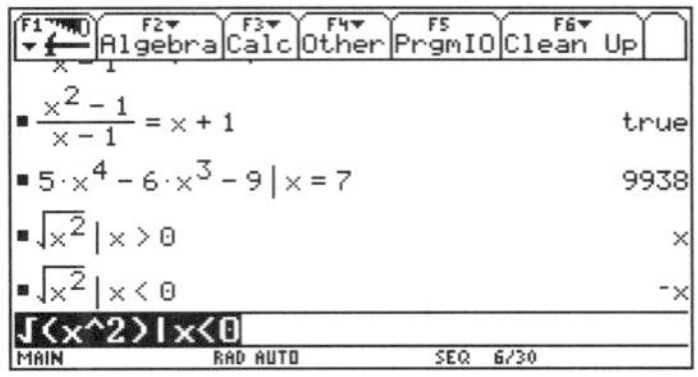

Mit dem Befehl expand*(Term, Variable)* wird ein Term nach der Variablen ausmultipliziert.

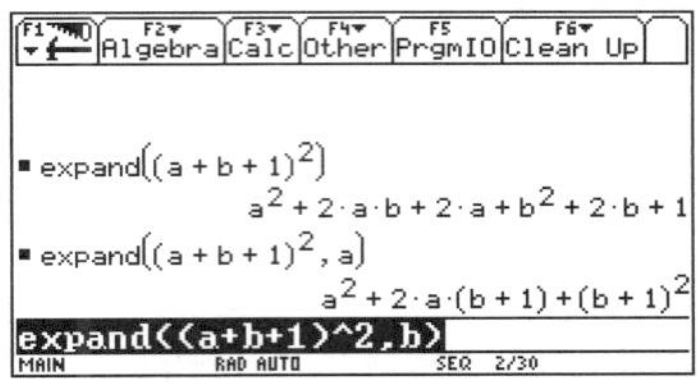

Mit dem Befehl factor*(Term, Variable)* wird ein Term nach der Variablen faktorisiert.

Die Angabe der Variablen spart Rechenzeit, Speicherplatz sowie Platz auf dem Bildschirm und macht den Term verständlicher.

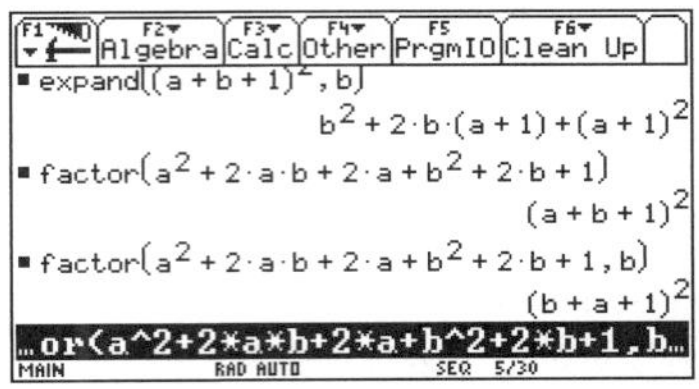

Mit dem Befehl propFrac*(Term, Variable)* wird ein Term nach der Variablen in eine Summe der echten Brüche und ein Polynom zerlegt.

Mit dem Befehl comDenom*(Term, Variable)* werden Bruchterme nach der Variablen zu einem Bruch zusammengefasst und gekürzt.

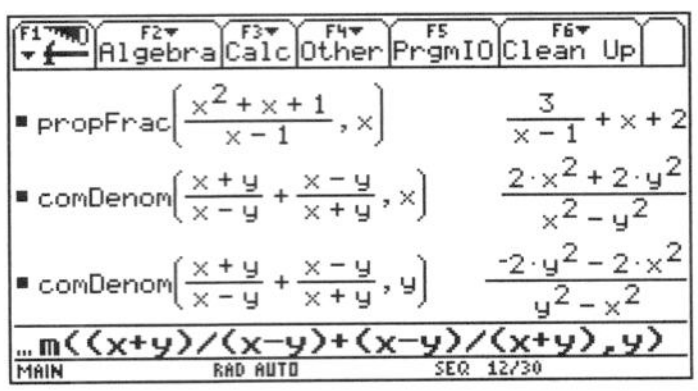

Umformen von Termen und Gleichungen

Um Terme oder Gleichungen Schritt für Schritt umzuformen, wird die Rechenart mit der Zahl bzw. dem Term eingegeben (siehe Statuszeile).

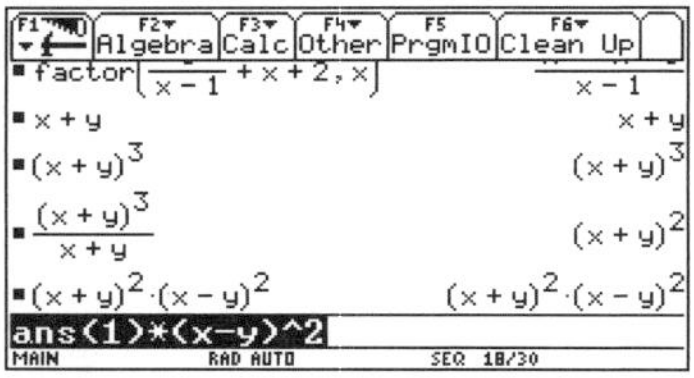

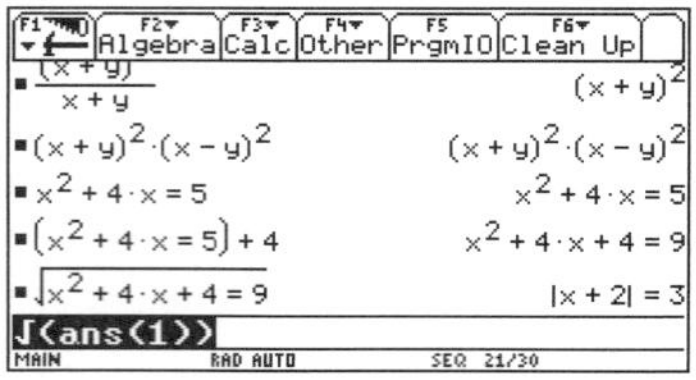

Gleichungen oder Gleichungssysteme lösen

Im HOME- oder CALC-Fenster werden Gleichungen oder Gleichungssysteme mit dem solve-Befehl gelöst:
solve*(Gleichung, Lösungsvariable)*
solve*(Gleichung 1 and Gleichung 2 and…, {Lösungsvariable 1, Lösungsvariable 2, …})*

Beispiele:

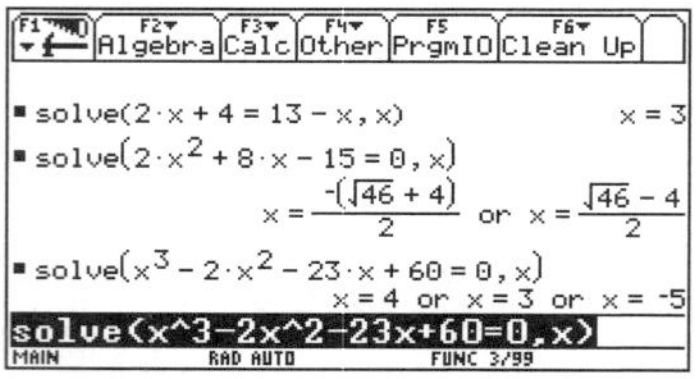

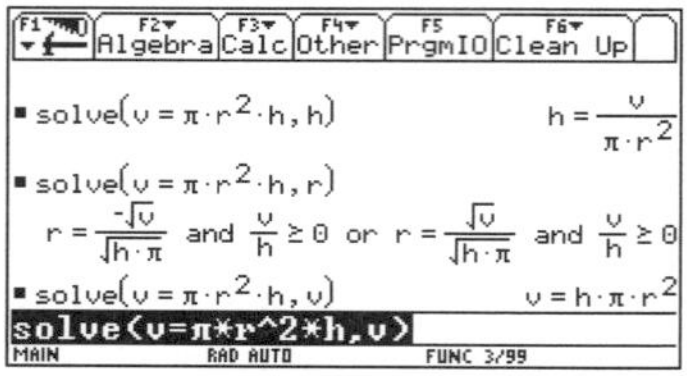

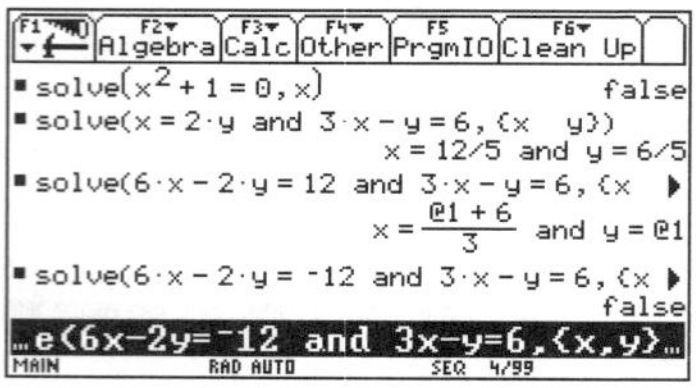

Das Zeichen @, gefolgt von einer Zahl, steht für einen Parameter, d. h., das Gleichungssystem hat unendlich viele Lösungen.

Vektorgleichungen lösen

Ab der OS Version 3.10 (Betriebssystem), die nur für den TI-89 und den Voyage 200 zur Verfügung steht, können auch Vektorgleichungen gelöst werden.

Beispiel:

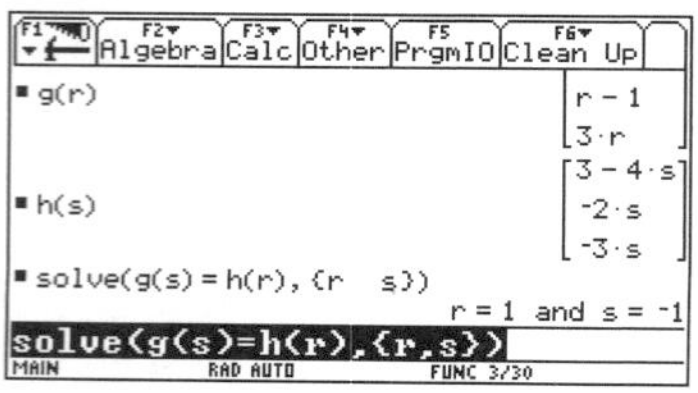

Funktionen abspeichern, Schaubilder untersuchen und Wertetabelle anzeigen

Funktionen und ihre Ableitungen werden im HOME- oder CALC-Fenster eingegeben und abgespeichert. Die Funktionen, deren Schaubilder zu zeichnen sind, werden im Y = -Fenster eingegeben und im GRAPH-Fenster gezeichnet und untersucht. Die Definitionsmenge des zu zeichnenden Schaubildes und die dazugehörige Wertemenge usw. werden im WINDOW-Fenster eingegeben. Im TABLE-Fenster kann die Wertetabelle der Funktionen, deren Schaubilder gezeichnet wurden, betrachtet werden. Im TBLSET-Fenster können der Startwert und die Schrittweite der Wertetabelle eingetragen werden.

Beispiel:

Die Funktion f_t mit $f_t(x) = x^3 - 3 \cdot t \cdot x$ soll untersucht werden.
Der Funktionsterm wird eingegeben, auf Korrektheit geprüft und dann erst abgespeichert.
Entsprechend wird der Term der Ableitungsfunktion bearbeitet, damit der Term berechnet wird. Ansonsten würde nur die Formel intern abgespeichert werden und müsste bei jedem Aufruf erst berechnet werden, was zeitaufwendig ist.
Höhere Ableitungen können auch direkt durch Angabe der Ordnung berechnet werden.

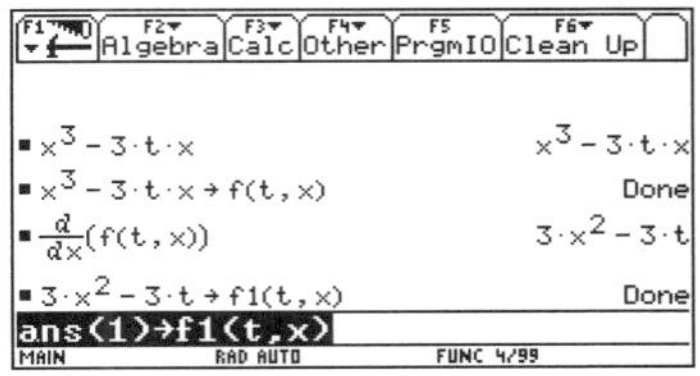

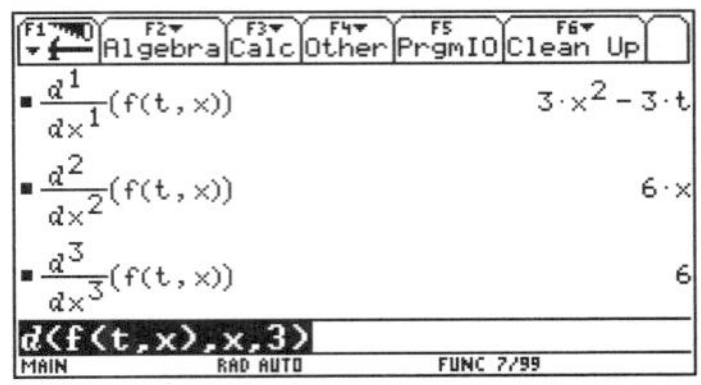

Y = -Fenster

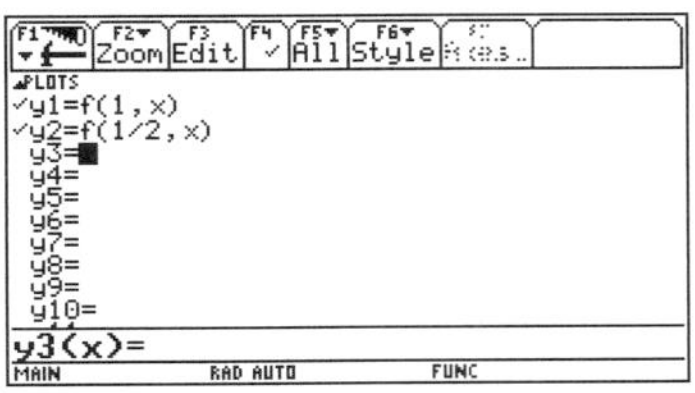

GRAPH-Fenster

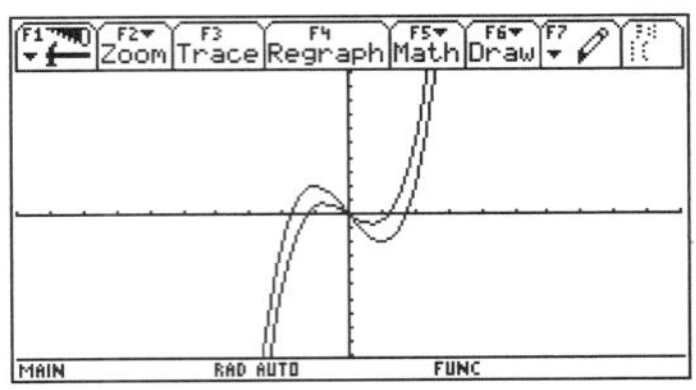

WINDOW-Fenster

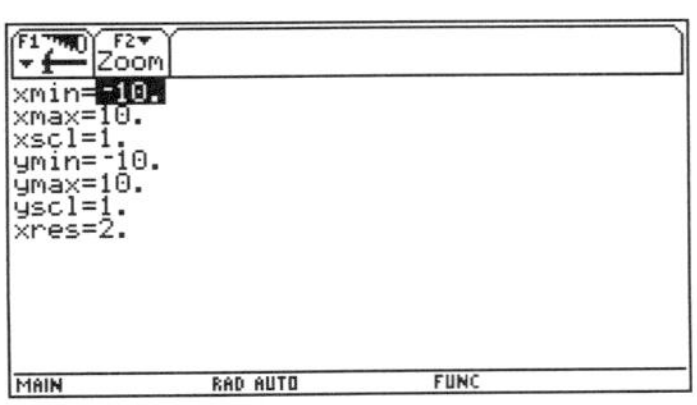

Y = -Fenster

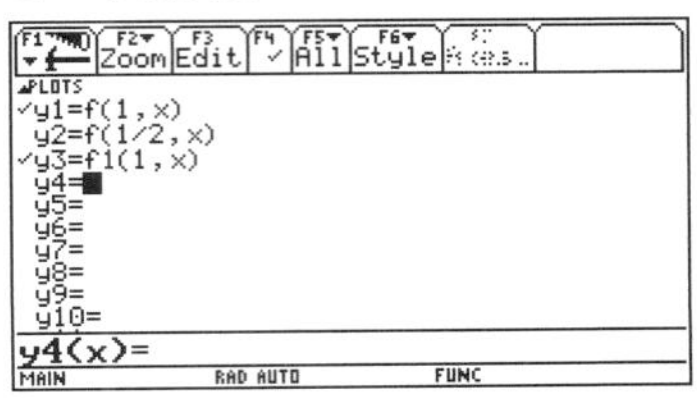

GRAPH-Fenster

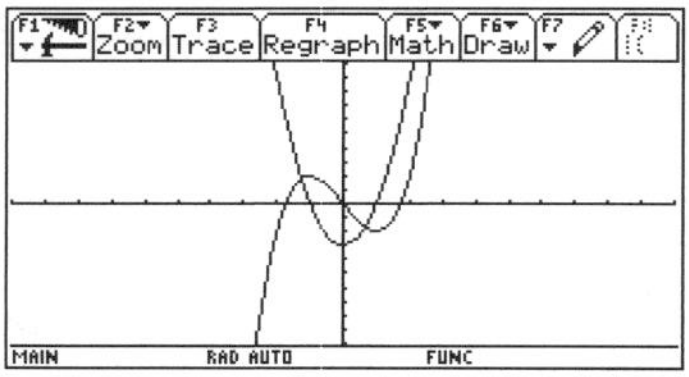

TBLSET-Fenster

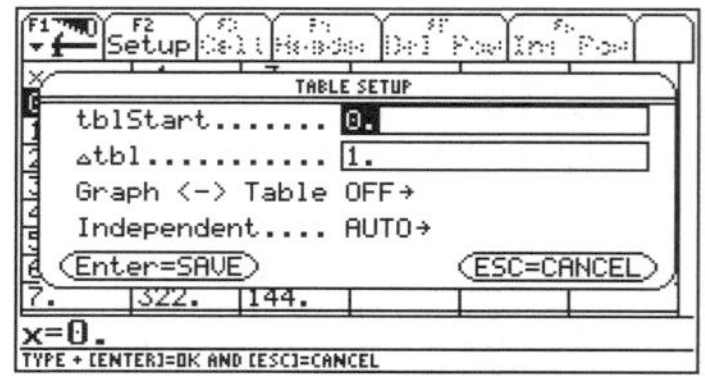

TABLE-Fenster

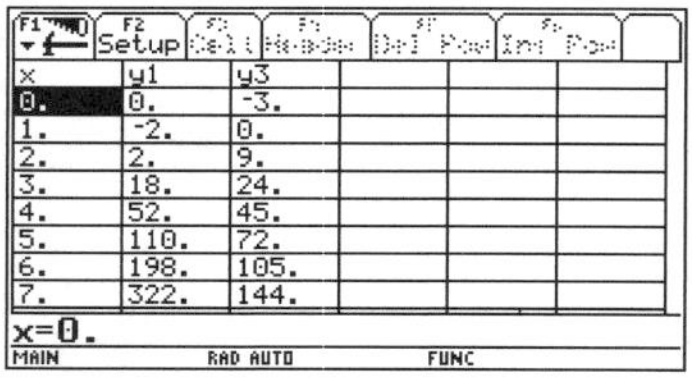

x	y1	y3
0.	0.	-3.
1.	-2.	0.
2.	2.	9.
3.	18.	24.
4.	52.	45.
5.	110.	72.
6.	198.	105.
7.	322.	144.

x=0.

Tipps:

- Geben Sie zuerst den Funktionsterm im HOME- bzw. CALC-Fenster ein. Prüfen Sie ihn auf Korrektheit und speichern Sie ihn anschließend ab.
- Funktionsterme, deren Schaubilder zu zeichnen sind, werden im Y = -Fenster eingegeben bzw. mit der [F4]-Taste mit einem Häkchen ☑ markiert.
- Betrachten Sie zuerst das Schaubild im GRAPH-Fenster in der Standardeinstellung ([F2] 6 : ZoomStd) und stellen Sie dann im WINDOW-Fenster den gewünschten Ausschnitt ein.
- In jedem Fenster gibt es im [F1]-Menü den Befehl Format…, mit dem die Einstellungen für das Fenster geändert werden können.
- Mit dem [F3]-Trace-Befehl im GRAPH-Fenster kann das gewünschte Schaubild mit den Cursortasten ▶ und ◀ abgetastet oder der Funktionswert an einer Stelle angezeigt werden. Mit den Cursortasten ▲ und ▼ werden die Schaubilder ausgewählt.
- Im [F5]-Menü im GRAPH-Fenster gibt es Befehle zur numerischen Kurvenuntersuchung, z. B. wird mit dem Befehl „5: Intersection" der Schnittpunkt zweier Schaubilder näherungsweise berechnet. Zuerst werden die beiden Schaubilder ausgewählt und dann das linke und rechte Intervallende angegeben, in dem der Schnittpunkt liegt. Der Schnittpunkt wird durch den Cursor angezeigt und die Koordinaten werden unten am Bildschirmrand angegeben.

Beispiel:

Trace-Befehl für das Schaubild 1 an der Stelle 2.

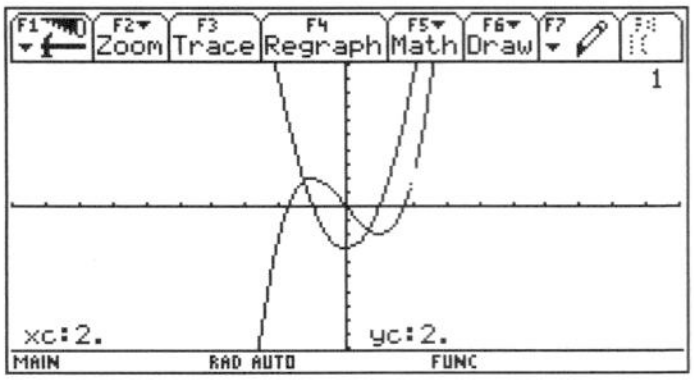

Trace-Befehl für das Schaubild 3 an der Stelle –2.

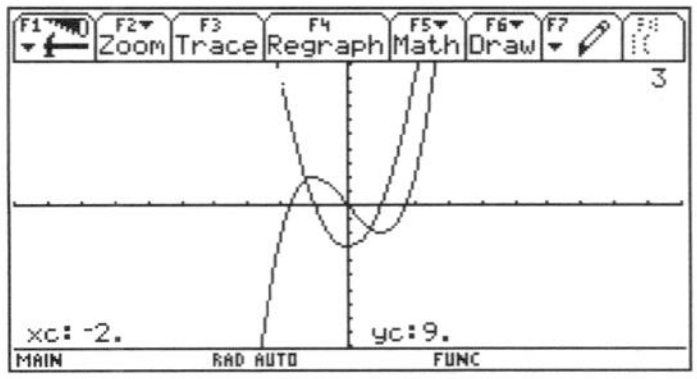

Im [F5]-Menü wird der Befehl zur numerischen Berechnung des linken Schnittpunktes der beiden Kurven ausgewählt und die dazugehörigen Daten eingegeben.

GRAPH-Fenster

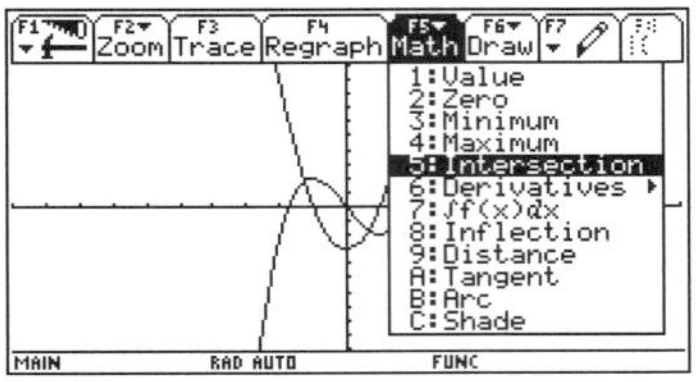

Auswahl der ersten Kurve

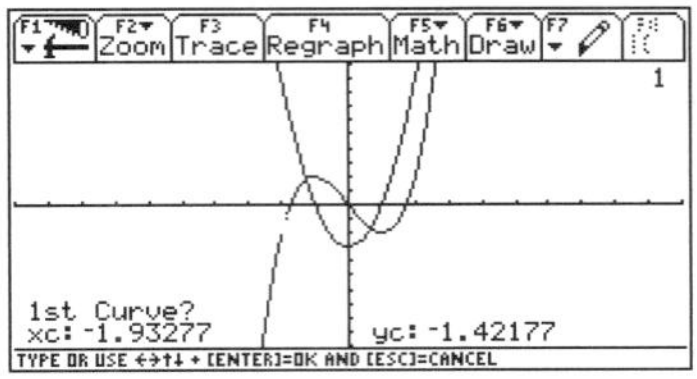

Auswahl der zweiten Kurve

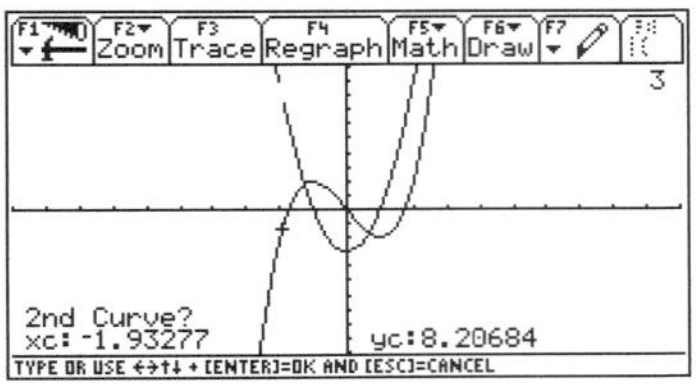

Auswahl der linken Grenze

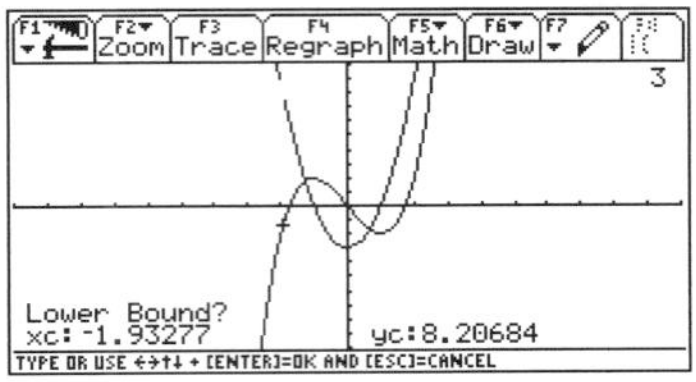

Auswahl der rechten Grenze

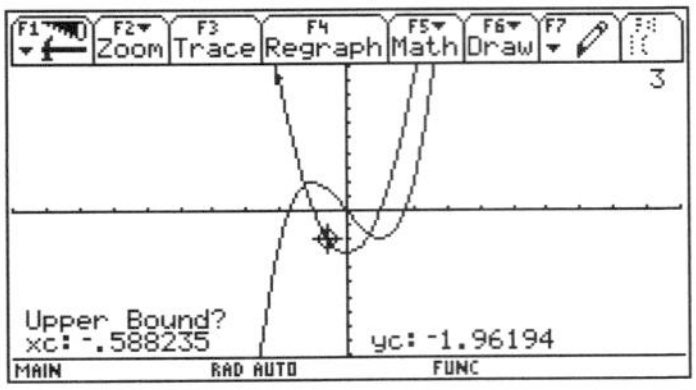

Berechneter Schnittpunkt im angegebenen Intervall

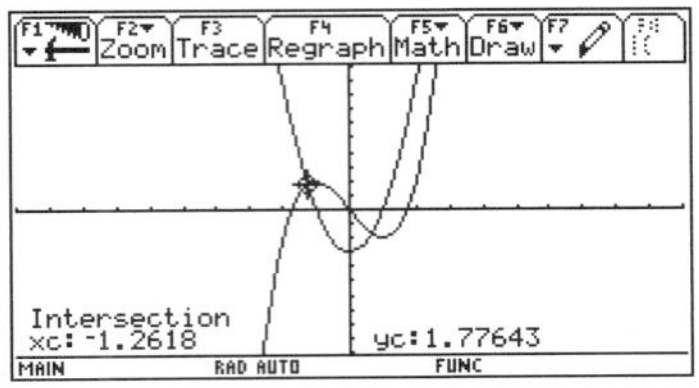

Berechnung der Schnittpunkte im HOME-Fenster

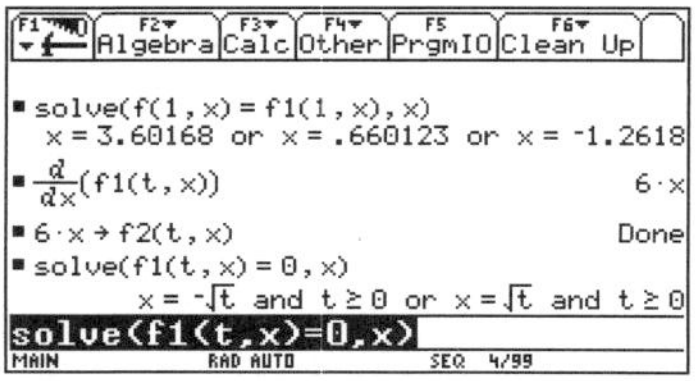

Berechnung der Extrempunkte

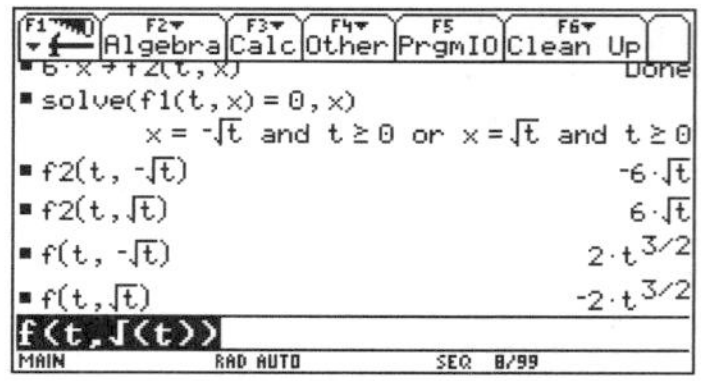

Für t < 0 existieren keine Extrempunkte.
Für t = 0 existieren keine Extrempunkte, aber ein Sattelpunkt im Nullpunkt.
Für t > 0 existieren zwei Extrempunkte: der Hochpunkt $\left(-\sqrt{t}\;\middle|\;2t^{\frac{3}{2}}\right)$ und der Tiefpunkt $\left(\sqrt{t}\;\middle|\;-2t^{\frac{3}{2}}\right)$.

Funktionsanpassungen

Gegeben sind Wertepaare bzw. Bedingungen, die durch einen Funktionsterm *„geeignet approximiert“* werden sollen. Ist der Typ des Funktionsterms vorgegeben und bestimmen die Wertepaare bzw. Bedingungen den Funktionsterm eindeutig, so heißt diese Funktionsanpassung **Interpolation**. Ist der Typ des Funktionsterms vorgegeben und wird der Funktionsterm dadurch bestimmt, dass die Summe der quadratischen Abweichungen minimal wird, so heißt diese Funktionsanpassung **Regression (Methode der kleinsten Fehlerquadrate**).

Beispiel:
Zu den Daten $(0|0)$, $(1|2)$, $(2|0)$, $(3|-2)$, $\left(4\;\middle|\;\frac{1}{10}\right)$ ist ein geeigneter Funktionsterm gesucht.
Die Daten werden in den **Data/Matrix Editor** mit dem Namen **daten1** eingeben.

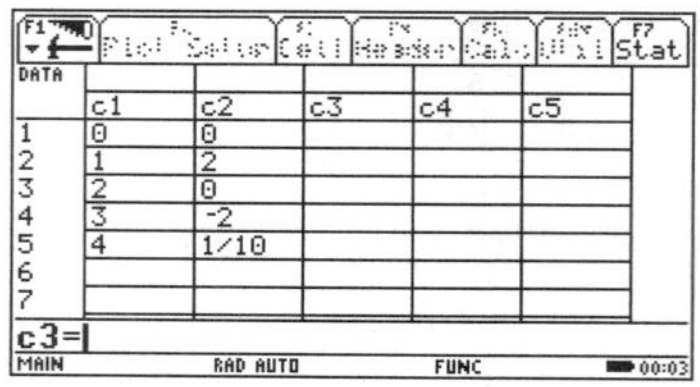

Im F5-Calc-Menü werden der Funktionstyp, die Datenspalten und der Name der Funktion, unter dem der Funktionsterm der Regression abgespeichert wird, ausgewählt.
Als Funktionstyp wird ein Polynom 4. Grades ausgewählt.

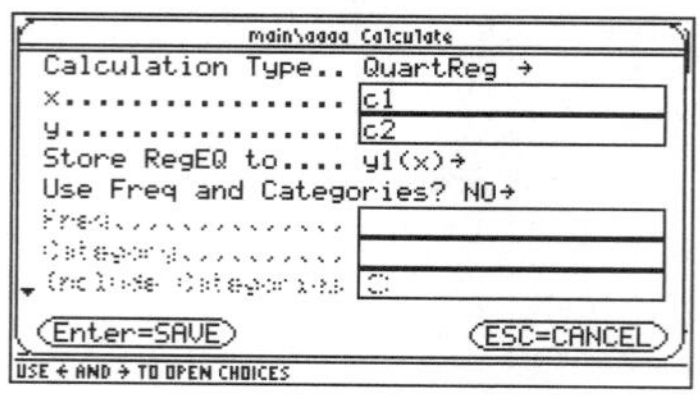

Bei fünf Datenpaaren und einem Polynom 4. Grades entspricht die Regression einer Interpolation.

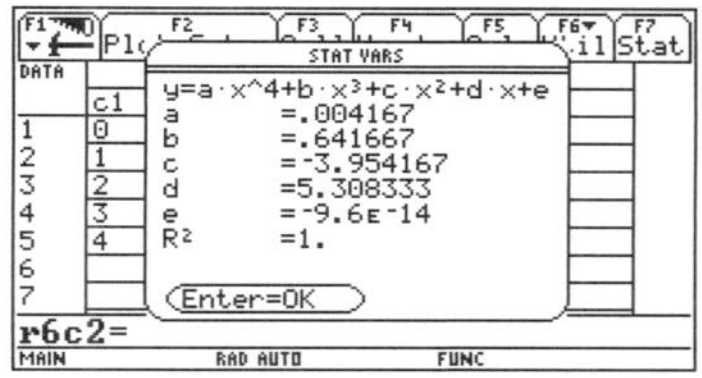

Statt dem Polynom 4. Grades wird nun als Funktionstyp eine Sinusfunktion ausgewählt.

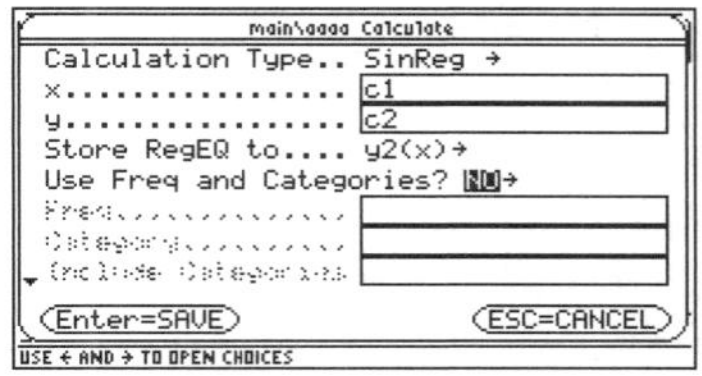

Auch mit der Sinusfunktion können die Daten approximiert werden.
Es gibt vier Parameter a, b, c und d, sodass mindestens vier Datenpaare benötigt werden. Wegen dem 5. Datenpaar ist diese Regression keine Interpolation.
Für eine Interpolation müsste das 5. Datenpaar durch (4 | 0) ersetzt werden.

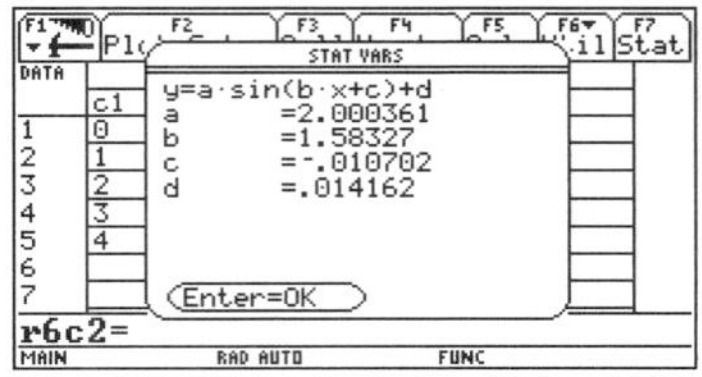

Wird in der Spalte c3 der Term y1(c1) und in der Spalte c4 der Term y2(c1) eingegeben, so werden die dazugehörigen Funktionswerte berechnet.
Die … Punkte in den Zellen c3r1 und c3r3 bedeuten im Rahmen der Rechengenauigkeit die Zahl 0. Die Werte in den Spalten c2 und c3 stimmen also überein, d. h., die Regression entspricht einer Interpolation.

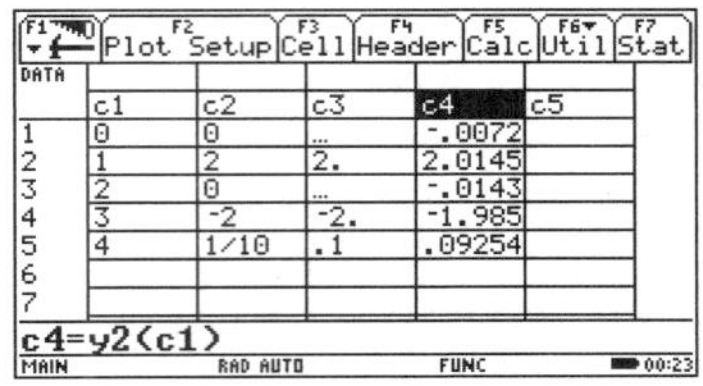

Folgen abspeichern, Schaubilder untersuchen und Wertetabelle anzeigen

Folgen sind Funktionen mit der Definitionsmenge $\mathbb{N}$.
Zum Zeichnen der Schaubilder muss im MODE-Fenster der Folgenmodus eingestellt werden. Damit ändern sich die Eingabemöglichkeiten im WINDOW- und Y=-Fenster.

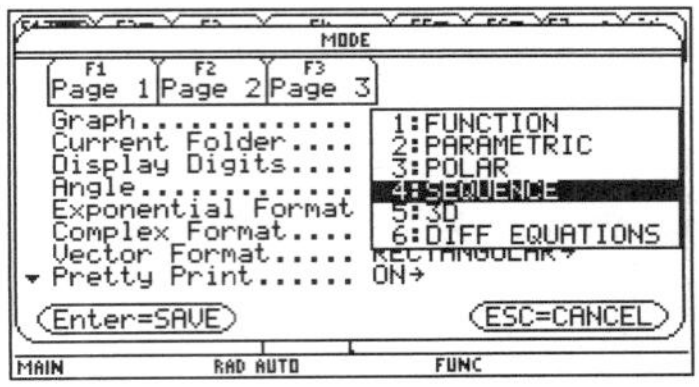

Die Folgen, deren Schaubilder zu zeichnen sind, werden im Y = -Fenster eingegeben. Sie können explizit oder rekursiv eingegeben werden.
Eine explizite und eine rekursive Folge sind eingegeben. Bei der Eingabe ist es wichtig, zu beachten, dass auf der linken Seite der Index n steht und auf der rechten Seite der entsprechende Vorgänger.

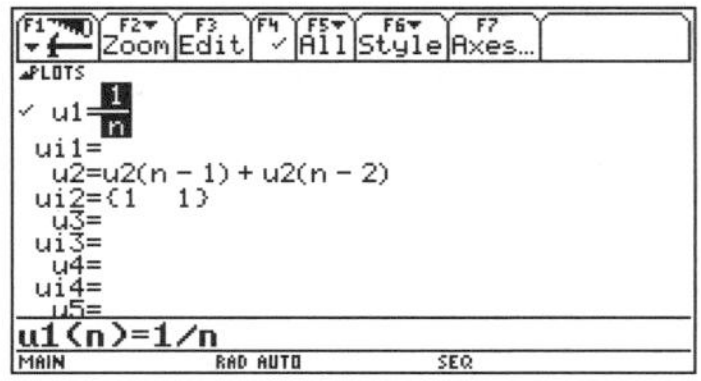

Die Definitionsmenge des zu zeichnenden Schaubildes und die dazugehörige Wertemenge usw. werden im WINDOW-Fenster eingegeben.

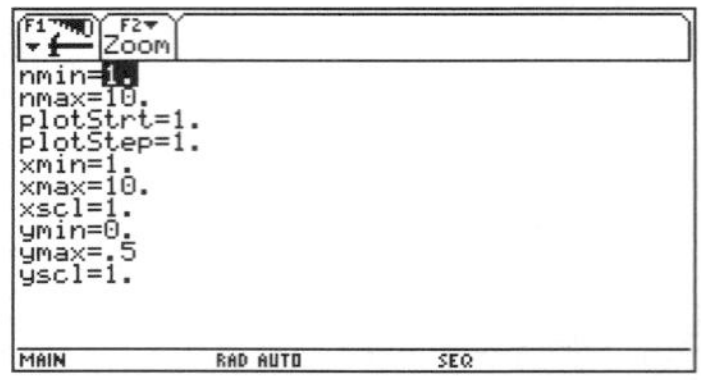

Im GRAPH-Fenster wird die Folge gezeichnet und untersucht.

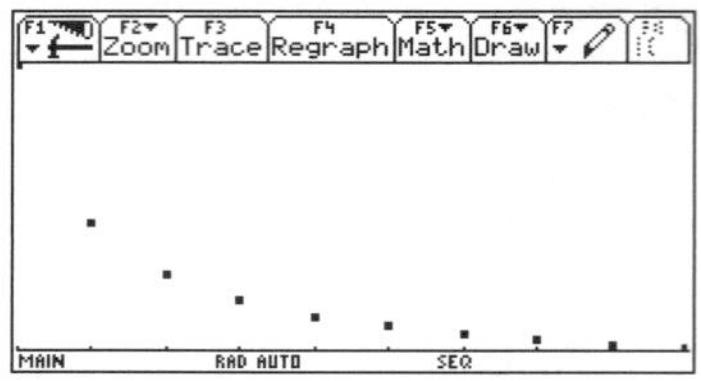

Im TABLE-Fenster kann die Wertetabelle der Funktionen, deren Schaubilder gezeichnet wurden, betrachtet werden.
Im TBLSET-Fenster kann der Startwert usw. der Wertetabelle eingetragen werden. Die Schrittweite ist bei Folgen 1.

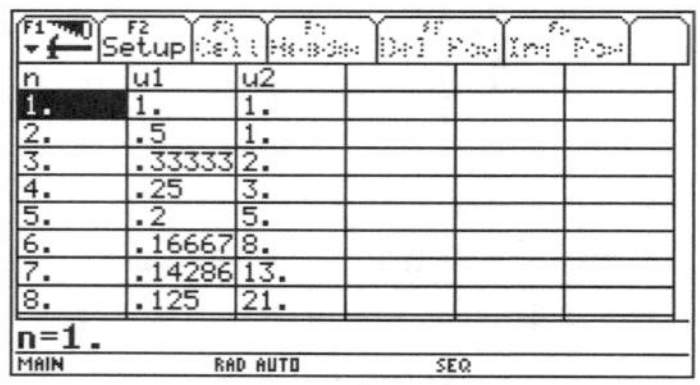

Folgenglieder, deren Term im Y = -Editor eingeben wurde, können auch im HOME-Fenster numerisch berechnet werden.

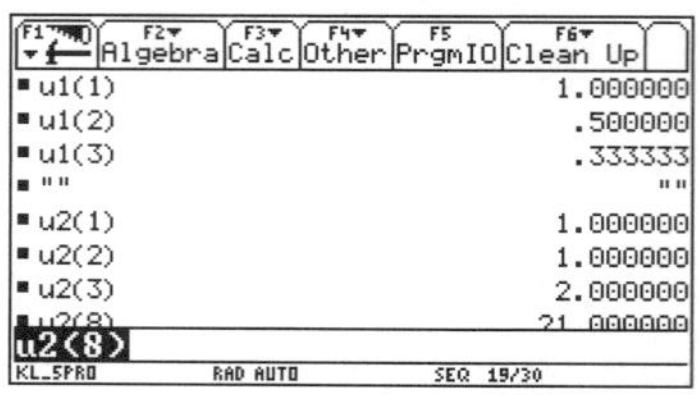

Auch im HOME-Fenster können die Terme der Folgen abgespeichert und berechnet werden.

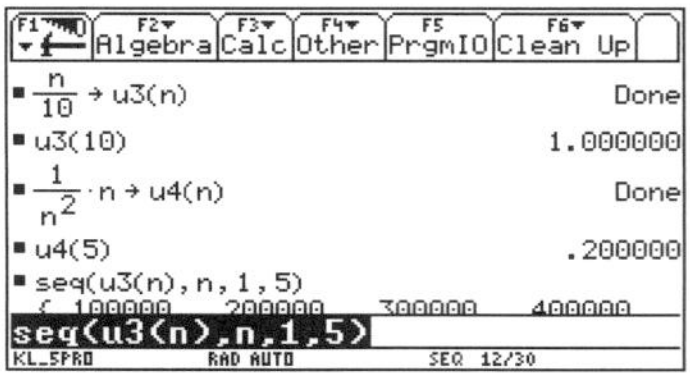

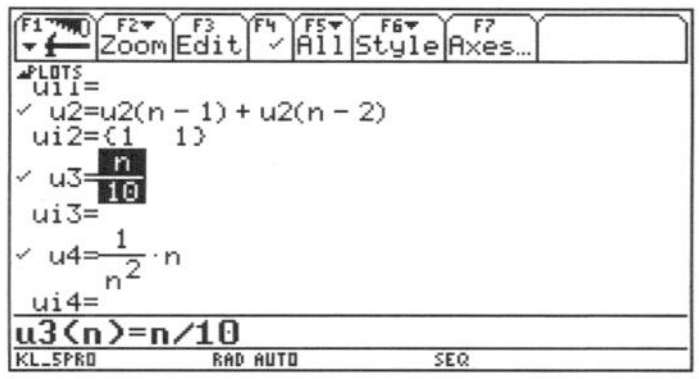

Tipps:

- Betrachten Sie zuerst das Schaubild der Folge im GRAPH-Fenster in der Standardeinstellung (F2 A: ZoomFit) und stellen Sie dann im WINDOW-Fenster den gewünschten Ausschnitt ein.
- Beachten Sie im WINDOW-Fenster die Einstellung des Wertes von nmin.

Rechnen mit Matrizen

Matrizen können direkt im HOME-Fenster eingegeben werden. Eine Matrix beginnt und endet mit einer eckigen Klammer. Die Elemente werden durch Kommata und die Zeilen durch Strichpunkte getrennt. Zur Kennzeichnung einer Matrix bietet es sich an, dass ihr Name mit dem Buchstaben m, z. B. ma, beginnt. Eine Matrix kann auch im Data/Matrix Editor eingegeben werden.

Beispiel:

$$\begin{aligned} 2x + 4y - \frac{1}{2}z &= \frac{5}{2} \\ x - y + 2z &= -1 \\ x - y - 4z &= 5 \end{aligned}$$

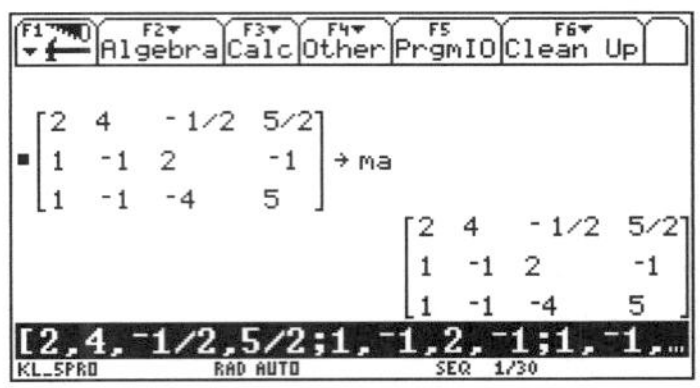

Die Matrix des linearen Gleichungssystems wird eingegeben. Mit dem Befehl rref*(Matrix)* wird die Diagonalform ausgegeben.
Aus der Diagonalform kann die Lösung bzw. die Lösbarkeit direkt abgelesen werden.
Die Lösung dieses linearen Gleichungssystems ist (1; 0; –1).

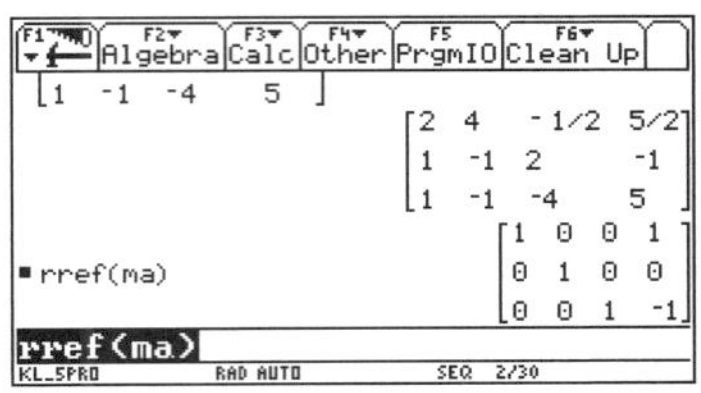

Rechnen mit Vektoren

Ein Vektor ist eine Matrix mit nur einer Spalte, entsprechend der Schreibweise in der Schule. Vektoren können direkt im HOME-Fenster eingegeben werden. Ein Vektor beginnt und endet mit einer eckigen Klammer. Die Zeilen werden durch Strichpunkte getrennt. Zur Kennzeichnung eines Vektors beginnt der Name mit dem Buchstaben v, z. B. va.

Beispiel:

Die Vektoren werden eingegeben. Mehrere Eingaben werden mit Doppelpunkt getrennt.
Mit dem Befehl dotP*(Vektor 1, Vektor 2)* wird das Skalarprodukt von zwei Vektoren und mit dem Befehl norm*(Vektor)* die Länge eines Vektors berechnet.

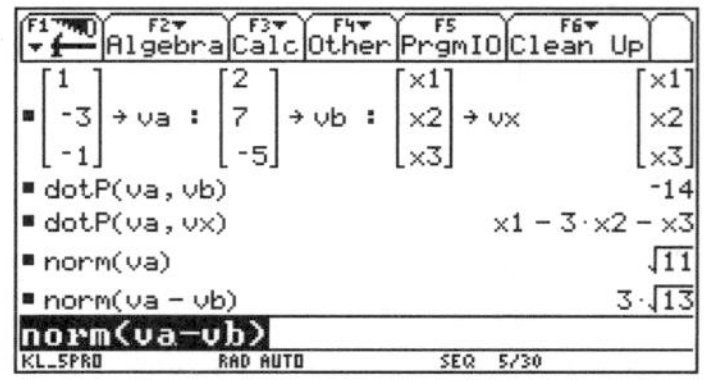

Mit dem Befehl crossP(*Vektor 1, Vektor 2*) wird das Kreuz- oder Vektorprodukt von zwei Vektoren berechnet. Mithilfe der Befehlsfolge
$\cos^{-1}$(dotp(unitV(va), unitV(vb)))
wird der Winkel zwischen zwei Vektoren berechnet. Dabei muss das Winkelmaß auf DEG eingestellt sein.

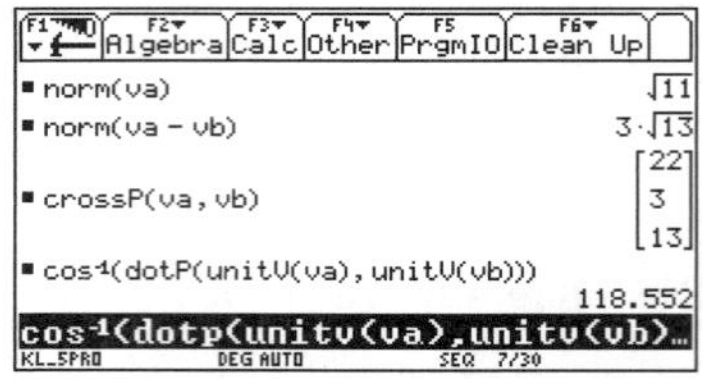

Befehle – Analysis

englische Bezeichnung	deutsche Bezeichnung	Bedeutung
DelVar	EntfVar	Löscht die angegebenen Variablen aus dem Speicher. Es ist sinnvoll, vor jeder neuen Aufgabe die Variablen, die darin benutzt werden sollen, zu löschen.
ClrGraph	LöGraph	Löscht alle Schaubilder und Wertetabellen von Funktionen oder Termen, die mit dem Befehl Graph erstellt wurden. Der Befehl ClrGraph muss immer nach einer Fehlermeldung beim Befehl Graph durchgeführt werden.
Graph	Graph	Stellt die gewünschten Funktionen oder Terme im eingestellten Grafikmodus dar.
factor	Faktor	Faktorisiert den Term nach der angegebenen Variablen.
expand	Entwick	Multipliziert den Term aus und fasst ihn nach der angegebenen Variablen zusammen.
comDenom	gemNenn	Gibt den gekürzten Quotienten einer Summe von Brüchen zurück, der nach der angegebenen Variablen entwickelt wurde.
propFrac	PzlBruch	Gibt die Summe der Brüche eines Terms bezüglich der angegebenen Variablen zurück.
limit	limes	Berechnet den Grenzwert einer Funktion. Durch die zusätzliche Angabe von –1 bzw. 1 wird der linksseitige bzw. rechtsseitige Grenzwert berechnet.
[*d*] differentiate	[*d*] differenziere	Berechnet die Ableitung des Terms bzw. die Ableitung der angegebenen Ordnung, welche eine ganze Zahl sein muss.
[∫] integrate	[∫] integriere	Berechnet eine Stammfunktion des Terms bzw. das bestimmte Integral.
[Σ] sum	[Σ] Summe	Summiert den gegebenen Term in den angegebenen Grenzen.
seq	Folge	Berechnet die gewünschten Folgenglieder.
with-Operator	Mit-Operator	Der with-Operator erfüllt drei Bedingungen: 1. Ersetzung, 2. Intervallbeschränkung, 3. Ausschließung

Beispiele:

- Grenzwert

$\lim\limits_{x \to x_0} f(x)$	limit(f(x), x, x_0)
$\lim\limits_{\substack{x \to x_0 \\ x < x_0}} f(x)$	limit(f(x), x, x_0, −1)
$\lim\limits_{\substack{x \to x_0 \\ x > x_0}} f(x)$	limit(f(x), x, x_0, 1)

- Ableitungen

$f'(x) = \frac{d}{dx} f(x) = \frac{df(x)}{dx}$	[*d*](f(x), x)
$f''(x) = \frac{d^2}{dx^2} f(x) = \frac{d^2 f(x)}{dx^2}$	[*d*](f(x), x, 2)

- Integrale

$\int f(x)dx$	[∫](f(x), x)
$\int f(x)dx + c$	[∫](f(x), x, c)
$\int_a^b f(x)dx$	[∫](f(x), x, a, b)

- Summen

$\sum\limits_{i=a}^{e} t(i)$ mit $a < e$	[Σ](t(i), i, a, e)

Die Werte von a und e müssen ganzzahlig oder ∞ sein.

- Folgen

{b(a), b(a + 1), …, b(e)}	seq(b(n), n, a, e)

Die Werte von a und e müssen ganzzahlig sein.

- with-Operator

f(x) mit x = 1, d. h. f(1)	f(x) | x = 1
f(x) = 0 und 0 < x < 2	solve(f(x) = 0, x) | x > 0 and x < 2
f(x) = 0 und x ≠ 3	solve(f(x) = 0, x) | x ≠ 3

Befehle – Analytische Geometrie

englische Bezeichnung	deutsche Bezeichnung	Bedeutung
CrossP	KreuzP	Berechnet das Kreuzprodukt zweier Vektoren.
DotP	SkalarP	Berechnet das Skalarprodukt zweier Vektoren.
Norm	Norm	Berechnet die Norm bzw. den Betrag bzw. die Länge eines Vektors. (Im Gegensatz dazu berechnet abs den Betrag einer Zahl.)
UnitV	EinhV	Berechnet den Einheitsvektor eines Vektors.
Solve	Löse	Löst eine Gleichung bzw. ein Gleichungssystem.

Beispiele:

- Norm bzw. Länge

  $\|\vec{a}\| = \sqrt{a_1^2 + a_2^2 + a_3^2}$ norm(va)

  $\|\overrightarrow{AB}\| = \|\vec{b} - \vec{a}\| = \|\vec{a} - \vec{b}\|$ norm(vb – va) *oder* norm(va – vb)

- Einheitsvektor

  $\vec{a}_0 = \dfrac{\vec{a}}{\|\vec{a}\|}$ unitV(va)

- Skalarprodukt

  $\vec{a} \cdot \vec{b} = a_1 b_1 + a_2 b_2 + a_3 b_3$ dotP(va, vb) *oder* dotP(vb, va)

- Winkel

  $\alpha = \cos^{-1}\left(\dfrac{\vec{a} \cdot \vec{b}}{\|\vec{a}\|\|\vec{b}\|}\right)$ [COS⁻¹](dotP(va, vb)[÷](norm(va)[×]norm(vb)))
  (TI muss auf Gradmaß eingestellt sein.)

- Kreuzprodukt

  $\vec{a} \times \vec{b}$ crossP(va, vb)

- Flächeninhalt eines Dreiecks

  $A = \frac{1}{2}\|\overrightarrow{AB} \times \overrightarrow{AC}\| = \frac{1}{2}\|(\vec{b} - \vec{a}) \times (\vec{c} - \vec{a})\|$ 1[÷]2[×]norm(crossP(vb – va, vc – va))

- Lösen von Gleichungen

  $x + 5 = 0$ solve(x + 5 = 0, x)

- Lösen eines Gleichungssystems mit zwei Unbekannten

  $x + y = 3$
  $x - y = -1$ solve(x + y = 3 and x – y = –1, {x, y})

Grundkurs Mathematik (Sachsen): Musteraufgabe 1
Teil A (ohne Rechenhilfsmittel)

1 In den Aufgaben 1.1 bis 1.5 ist von den jeweils fünf Antwortmöglichkeiten genau eine richtig. Kreuzen Sie das jeweilige Feld an.

1.1 Die Ableitung der Funktion f mit $f(x)=\frac{2}{(2x^2-x)^3}$ $(x \in D_f)$ lautet:

☐	☐	☐	☐	☐
$\frac{2}{3(2x^2-x)^2}$	0	$\frac{-6}{(2x^2-x)^4}$	$\frac{-6(4x-1)}{(2x^2-x)^4}$	$\frac{-6(4x-1)}{(2x^2-x)^2}$

1.2 Die Geraden g und h mit g: $x-3y=12$ und h: $3x+y=6$

☐	☐	☐	☐	☐
verlaufen parallel	sind identisch	schneiden sich senkrecht	schneiden sich nicht senkrecht	sind windschief

1.3 Der Inhalt der Flächenstücke, die von den Graphen der Funktionen k und m mit $k(x)=x^3-4x$ $(x \in D_k)$ und $m(x)=-x^3+4x$ $(x \in D_m)$ vollständig begrenzt werden, beträgt

☐	☐	☐	☐	☐
0 FE	4 FE	8 FE	12 FE	16 FE

1.4 Die Ebene mit der Gleichung E: $-2x+4z=5$

☐	☐	☐	☐	☐
verläuft senkrecht zur y-Achse	verläuft parallel zur y-Achse	verläuft parallel zur x-z-Ebene	verläuft parallel zur x-Achse	schneidet alle drei Koordinatenachsen

1.5 Ein idealer Würfel wird zweimal geworfen. Die Wahrscheinlichkeit für das Ereignis „Die Augensumme ist eine Primzahl" beträgt

☐	☐	☐	☐	☐
$\frac{8}{36}$	$\frac{10}{36}$	$\frac{13}{36}$	$\frac{14}{36}$	$\frac{15}{36}$

Erreichbare BE-Anzahl: 5

2 Für jede reelle Zahl t ist durch die Punkte $A_t(t; 2; 1)$, $B(3; -4; 2)$ und $C(2; 5; -1)$ ein Dreieck gegeben.
Berechnen Sie alle Werte t, für die das Dreieck bei A_t einen rechten Winkel besitzt.

Erreichbare BE-Anzahl: 3

3 Skizzieren Sie in dasselbe Koordinatensystem qualitativ richtig den Graphen einer Funktion f, deren Ableitungsfunktion den vorgegebenen Graphen hat. Begründen Sie den Verlauf des Graphen der Funktion f an markanten Stellen.

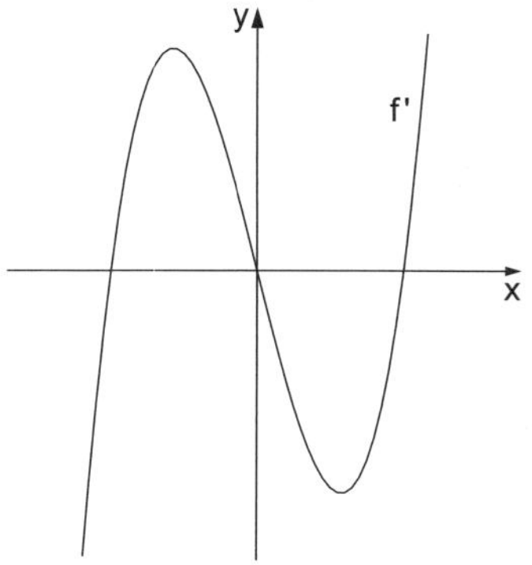

Begründung:

____

____

____

____

____

Erreichbare BE-Anzahl: 4

4 In einer Lostrommel befinden sich 10 Lose, unter denen nur 2 Gewinnlose sind. Franz zieht 3 Lose.
Erstellen Sie eine Wahrscheinlichkeitsverteilung für die Anzahl der Gewinnlose, und berechnen Sie den Erwartungswert für die Anzahl der gezogenen Gewinnlose.

Erreichbare BE-Anzahl: 3

Tipps und Hinweise

Teilaufgabe 1.1

Wandeln Sie den Quotienten vor dem Differenzieren in ein Produkt um und wenden Sie die Produktregel an, oder nutzen Sie gleich die Quotientenregel, um die Ableitung zu bestimmen.

Teilaufgabe 1.2

Bringen Sie beide Geraden auf die Form $y = m \cdot x + n$ und vergleichen Sie jeweils die Anstiege und Absolutglieder. Prüfen Sie eventuell anschließend, ob ein Schnittpunkt existiert.

Teilaufgabe 1.3

Veranschaulichen Sie sich den Verlauf beider Graphen durch eine Skizze. Nutzen Sie für die Flächenberechnung Symmetriebeziehungen.

Teilaufgabe 1.4

Untersuchen Sie die Ebene auf Schnittpunkte mit den Koordinatenachsen. Leiten Sie daraus die Lage ab.

Teilaufgabe 1.5

Notieren Sie sich alle Primzahlen von 2 (kleinste Augensumme) bis 12 (größte Augensumme) und geben Sie jeweils alle dafür möglichen Augenzahlkombinationen an.

Berechnen Sie die Wahrscheinlichkeit unter Nutzung der Formel
$p = \frac{\text{Anzahl der günstigen Versuchsausgänge}}{\text{Anzahl der möglichen Versuchsausgänge}}$.

Teilaufgabe 2

Das Skalarprodukt der Vektoren $\overrightarrow{A_tB}$ und $\overrightarrow{A_tC}$ muss null sein, damit sie bei A_t einen rechten Winkel einschließen.

Lösen Sie die entstehende quadratische Gleichung mithilfe der Lösungsformel für quadratische Gleichungen.

Teilaufgabe 3

Nutzen Sie zum Skizzieren und zur Begründung u. a. folgende Zusammenhänge:
- zwischen Nullstelle der Funktion f' und Extremstelle der Funktion f,
- zwischen Extremstelle der Funktion f' und Wendestelle der Funktion f,
- zwischen Funktionswerten der Funktion f' und der Monotonie der Funktion f.

Teilaufgabe 4

Veranschaulichen Sie sich den Sachverhalt in einem Baumdiagramm.

Beachten Sie, dass es sich um einen Ziehungsvorgang ohne Zurücklegen handelt.

Die zu verwendende Formel für den Erwartungswert lautet:

$$E(X) = \sum_{i=0}^{2} x_i \cdot P(X = x_i)$$

Lösungen

1 *Vorbemerkung:* Als Lösung ist nur das Kreuz im jeweils richtigen Feld verlangt; im Folgenden sind zusätzlich Rechnungen und Begründungen für die richtige Antwort angegeben.

1.1 Richtige Antwort: Kreuz in Feld 4

$$f(x) = \frac{2}{(2x^2 - x)^3} = 2 \cdot (2x^2 - x)^{-3}$$

$$f'(x) = 2 \cdot (-3) \cdot (2x^2 - x)^{-4} \cdot (4x - 1)$$

$$f'(x) = \frac{-6 \cdot (4x - 1)}{(2x^2 - x)^4}$$

1.2 Richtige Antwort: Kreuz in Feld 3

$$g:\quad x - 3y = 12$$

$$y = \frac{1}{3}x - 4$$

$$h:\quad 3x + y = 6$$

$$y = -3x + 6$$

Schnittpunktbestimmung:

$$\frac{1}{3}x_S - 4 = -3x_S + 6$$

$$\frac{10}{3}x_S = 10$$

$$x_S = 3 \qquad g(x_S) = g(3) = -3 \qquad S(3; -3)$$

$\Rightarrow$ g und h schneiden sich, und da außerdem $m_g = -\frac{1}{m_h}$ gilt, schneiden sich die Geraden sogar senkrecht.

1.3 Richtige Antwort: Kreuz in Feld 5

Die Funktionen k und m sind punktsymmetrisch zum Koordinatenursprung und der Graph der Funktion m entsteht aus dem Graphen der Funktion k durch Spiegelung an der x-Achse.

Skizze:

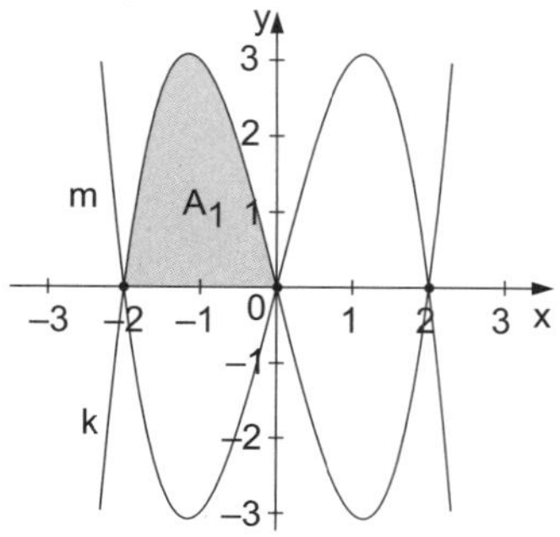

$$A = 4 \cdot A_1 = 4 \cdot \int_{x_{N_1}}^{x_{N_2}} k(x)dx \quad \text{mit} \quad 0 = k(x_N) = x_N^3 - 4x_N$$

$$0 = x_N(x_N^2 - 4)$$

$$x_{N_2} = 0$$

$$x_{N_{1;3}} = \mp 2$$

$$A = 4 \cdot \int_{-2}^{0} (x^3 - 4x)dx$$

$$A = 4 \cdot \left[\frac{x^4}{4} - 2x^2\right]_{-2}^{0}$$

$$A = 4 \cdot [0 - (4 - 8)]$$

$$A = 16$$

1.4 Richtige Antwort: Kreuz in Feld 2

E: $-2x + 4z = 5$

Schnittpunkte mit Koordinatenachsen:

$S_x(x; 0; 0)$	mit $-2x = 5$	folgt $x = -2{,}5$, also $S_x(-2{,}5; 0; 0)$
$S_y(0; y; 0)$	mit $0 = 5$	f. A., also kein Schnittpunkt mit y-Achse
$S_z(0; 0; z)$	mit $4z = 5$	folgt $z = 1{,}25$, also $S_z(0; 0; 1{,}25)$

Die Ebene schneidet die x- und z-Achse, aber nicht die y-Achse.

$\Rightarrow$ E $\parallel$ y-Achse

1.5 Richtige Antwort: Kreuz in Feld 5

Augensumme Primzahl:

$$\begin{aligned} 2 &= 1+1 \\ 3 &= 1+2=2+1 \\ 5 &= 1+4=4+1=2+3=3+2 \\ 7 &= 1+6=6+1=2+5=5+2=3+4=4+3 \\ 11 &= \underbrace{5+6=6+5}_{} \end{aligned}$$

15 Ausgänge sind günstig,
36 Ausgänge möglich

$\Rightarrow \quad p = \frac{15}{36}$

2 Skizze:

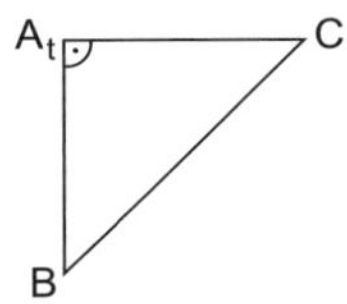

Das Dreieck A_tBC hat bei A_t einen rechten Winkel, wenn gilt:

$$\overrightarrow{A_tB} \circ \overrightarrow{A_tC} = 0$$

$$\begin{pmatrix} 3-t \\ -4-2 \\ 2-1 \end{pmatrix} \circ \begin{pmatrix} 2-t \\ 5-2 \\ -1-1 \end{pmatrix} = 0$$

$$\begin{pmatrix} 3-t \\ -6 \\ 1 \end{pmatrix} \circ \begin{pmatrix} 2-t \\ 3 \\ -2 \end{pmatrix} = 0$$

$$(3-t)\cdot(2-t)-18-2=0$$

$$6-5t+t^2-18-2=0$$

$$t^2-5t-14=0$$

$$t_{1;\,2} = \frac{5}{2} \pm \sqrt{\frac{25}{4}+\frac{56}{4}}$$

$$t_{1;\,2} = \frac{5}{2} \pm \frac{9}{2}$$

$$t_1 = \frac{5}{2}+\frac{9}{2} = 7$$

$$t_2 = \frac{5}{2}-\frac{9}{2} = -2$$

Für $t_1 = 7$ und $t_2 = -2$ ist das Dreieck rechtwinklig im Punkt A_t.

3 Es sind nur die Extrem<u>stellen</u> und Wende<u>stellen</u> fest. Die y-Werte der Punkte sind beliebig, f kann verschoben oder gestreckt/gestaucht in Richtung y-Achse sein.

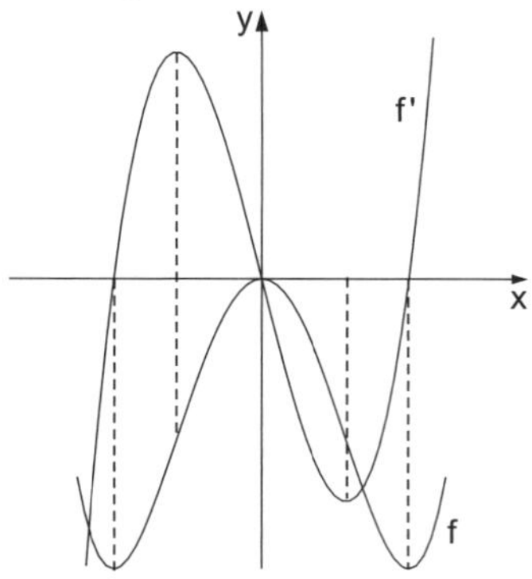

Begründung:
Die Nullstellen der Funktion f' sind die Extremstellen der Funktion f.
Die Extremstellen der Funktion f' sind die Wendestellen der Funktion f.
In dem Intervall, in dem die Funktionswerte der Ableitungsfunktion f' positiv sind, ist die Funktion f monoton wachsend. In dem Intervall, in dem die Funktionswerte der Ableitungsfunktion f' negativ sind, ist die Funktion f monoton fallend.

4 Baumdiagramm:

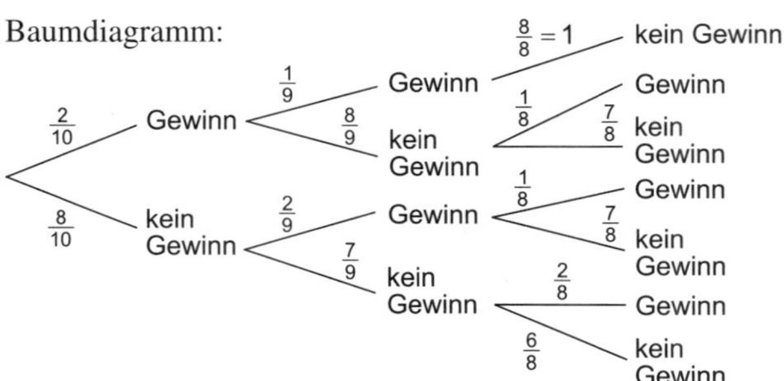

X… Anzahl der Gewinnlose

x_i	$P(X = x_i)$
0	$\frac{8}{10} \cdot \frac{7}{9} \cdot \frac{6}{8} = \frac{7}{15}$
1	$\frac{8}{10} \cdot \frac{7}{9} \cdot \frac{2}{8} \cdot 3 = \frac{7}{15}$
2	$\frac{8}{10} \cdot \frac{2}{9} \cdot \frac{1}{8} \cdot 3 = \frac{1}{15}$

$$E(X) = 0 \cdot \frac{7}{15} + 1 \cdot \frac{7}{15} + 2 \cdot \frac{1}{15} = \frac{9}{15} = \underline{\underline{\frac{3}{5} = 0{,}6}}$$

Grundkurs Mathematik (Sachsen): Musteraufgabe 1
Teil B – Aufgabe 1

Eine Stadtverwaltung plant die Gestaltung einer Parkanlage, wobei zwei vorhandene Straßen und ein Flusslauf einbezogen werden sollen.
In einem kartesischen Koordinatensystem verläuft die Straße 1 im betrachteten Abschnitt auf der Geraden mit der Gleichung $y = 0$, die Straße 2 auf der Geraden mit der Gleichung $x = 0$.

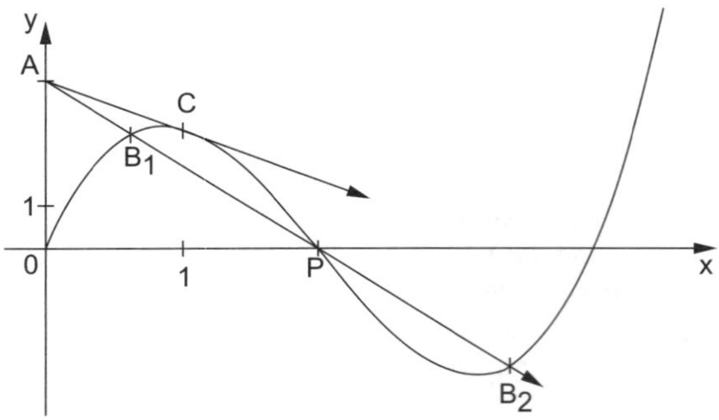

Die Straßen- und Flussbreite wird in der Planungsskizze vernachlässigt. Eine Längeneinheit beträgt 100 Meter.
Der Flusslauf kann im Bereich $0 \leq x \leq 4$ $(x \in \mathbb{R})$ näherungsweise durch den Graphen der Funktion f mit der Gleichung $y = f(x) = x^3 - 6x^2 + 8x$ beschrieben werden.

1.1 Die Straße 1 und der Flusslauf schließen genau zwei Teilflächen ein. Zeigen Sie, dass beide Teilflächen den gleichen Flächeninhalt haben und geben Sie diesen Flächeninhalt in Hektar an.

Erreichbare BE-Anzahl: 4

1.2 Im Punkt A(0; 4) der Straße 2 befindet sich eine Bushaltestelle. Von dieser Haltestelle aus sollen zwei geradlinig verlaufende Wege (Rad- und Fußweg) angelegt werden.
Der Radweg kreuzt den Flusslauf in den Punkten B_1, P(2; 0) und B_2. Ermitteln Sie die Länge des Radweges zwischen den Punkten B_1 und B_2 in Metern.
Der Fußweg tangiert den Flusslauf im Bereich $0 < x < 2$. Am Berührungspunkt C ist eine Bootsanlegestelle geplant.
Ermitteln Sie die Koordinaten des Punktes C.

Erreichbare BE-Anzahl: 6

1.3 Im Bereich zwischen dem Punkt D(0,5; f(0,5)) und dem Maximumpunkt des Graphen der Funktion f im vorgegebenen Intervall ist der Flusslauf so reguliert, dass dieses Flussstück durch die Gäste der angrenzenden Kuranlage zum „Wassertreten" genutzt wird.
Berechnen Sie die Länge der Strecke, die ein Kurgast absolviert, wenn er diese Strecke vollständig durchläuft.

Hinweis:
Die Länge eines Kurvenstücks des Graphen einer Funktion bezeichnet man als Bogenlänge L. Die Bogenlänge L_f einer beliebigen Funktion f im Intervall $a \leq x \leq b$ kann mit der Formel $L_f = \int_a^b \sqrt{1+(f'(x))^2}\,dx$ berechnet werden.

Erreichbare BE-Anzahl: 3

1.4 Der Flusslauf wird im Bereich $0 \leq x \leq 4$ $(x \in \mathbb{R})$ durch den Graphen der ganzrationalen Funktion f sehr gut beschrieben.
Ein anderer Planungsentwurf beschreibt den Flussverlauf in diesem Bereich näherungsweise durch den Graphen der Funktion g mit der Gleichung $g(x) = a \cdot \sin(bx)$ $(a, b \in \mathbb{R})$. Dabei sollen die Graphen den Funktionen f und g in den Extremwerten und Nullstellen übereinstimmen.
Ermitteln Sie die Gleichung einer möglichen Funktion g.
Bestimmen Sie die maximale Abweichung der Funktionswerte dieser beiden Funktionen im Intervall $0 < x < 2$.
Entscheiden Sie, ob die Funktion g wirklich geeignet ist und begründen Sie Ihre Entscheidung.

Erreichbare BE-Anzahl: 6

1.5 Der Betreiber der Kuranlage wirbt bei seinen Gästen mit dem geringen Regenrisiko in der Region. Während der Sommermonate kann mit einer Wahrscheinlichkeit von $p = 85\ \%$ mit einem regenfreien Tag gerechnet werden.
Ein durchschnittlicher Aufenthalt in der Anlage dauert 20 Tage.
Berechnen Sie die zu erwartende Anzahl von Regentagen während eines Aufenthalts.
Ermitteln Sie die Wahrscheinlichkeit für das Ereignis E: Die Anzahl der Regentage überschreitet den zu erwartenden Wert um mehr als 2 Tage.
Tritt das Ereignis E ein, erhält ein betroffener Gast 50 % Rabatt auf zusätzliche kostenpflichtige Anwendungen. Der Betreiber weiß aus Erfahrung, dass ihm in diesem Fall Einnahmeverluste in Höhe von 200 € entstehen.
Ermitteln Sie einen geeigneten Preis für eine 20-tägige Kur, wenn der Betreiber der Anlage pro Gast durchschnittlich 2 500 € einnehmen möchte.

Erreichbare BE-Anzahl: 5

Quellnachweis für Aufgabentext, Teilaufgabe 1.1 und 1.2: Abiturprüfung 2004 Grundkurs Mathematik (Sachsen) Wahlaufgabe D1 – Analysis

Tipps und Hinweise

Teilaufgabe 1.1

- Bestimmen Sie die Nullstellen der Funktion im vorgegebenen Intervall und berechnen Sie die beiden Teilflächeninhalte. Beachten Sie, dass eine Fläche unterhalb der x-Achse liegt.
- Geben Sie den Flächeninhalt in Hektar an.

Teilaufgabe 1.2

- Erstellen Sie eine Geradengleichung für den Radweg.
- Die Radweglänge entspricht dem Abstand der Punkte B_1 und B_2 (Schnittpunkte zwischen Gerade und Graph der Funktion f).
- Für den Punkt $C(x_C; f(x_C))$ gilt: $f'(x_C) = \frac{y_C - y_A}{x_C - x_A}$ mit A(0; 4).
- Beachten Sie bei der Angabe der Lösung den vorgegebenen Bereich für x_C.

Teilaufgabe 1.3

- Setzen Sie in die Formel für die Bogenlänge die Ableitungsfunktion der Funktion f und die x-Koordinaten der beiden Begrenzungspunkte als Integrationsgrenzen ein.

Teilaufgabe 1.4

- Nutzen Sie zum Erstellen der Funktionsgleichung den Zusammenhang zwischen Extremwert und Faktor a und den Zusammenhang zwischen kleinster Periode und b.
- Die Abweichung d der Funktionswerte wird durch die Gleichung $d(x) = |f(x) - g(x)|$ beschrieben.
- Bestimmen Sie die maximale Abweichung im Intervall mittels GTR. Wählen Sie aus den Lösungen die richtige aus.
- Vergessen Sie die Schlussfolgerung nicht.

Teilaufgabe 1.5

- Die Anzahl der Regentage ist binomialverteilt mit den Parametern $n = 20$ und $p = 0{,}15$.
- Der Erwartungswert einer binomialverteilten Zufallsgröße X berechnet sich mit der Formel $E(X) = n \cdot p$.
- Die Wahrscheinlichkeit für das Ereignis E berechnet sich als Summenwahrscheinlichkeit.
- Erstellen Sie eine Wahrscheinlichkeitsverteilung für Y … Einnahmen pro Kurgast in €, wobei der Preis für eine 20-tägige Kur durch eine Variable darzustellen ist.
- Berechnen Sie unter Nutzung des Erwartungswertes $E(Y) = 2\,500$ € den Kurpreis.

Lösungen

1.1 $A_1 = \int_0^{x_{N_2}} f(x)\,dx$

$A_2 = \left| \int_{x_{N_2}}^{x_{N_3}} f(x)\,dx \right|$

Nullstellen:

$f(x_N) = 0 = x_N(x_N^2 - 6x_N + 8)$

$\underline{x_{N_1} = 0} \qquad 0 = x_N^2 - 6x_N + 8$

$x_{N_{2,3}} = 3 \pm \sqrt{9-8}$

$\underline{x_{N_2}} = 3 - 1 = \underline{2}$

$\underline{x_{N_3}} = 3 + 1 = \underline{4}$

$$\left.\begin{aligned} A_1 &= \int_0^2 (x^3 - 6x^2 + 8x)\,dx = 4 \\ A_2 &= \left| \int_2^4 (x^3 - 6x^2 + 8x)\,dx \right| = 4 \end{aligned}\right\} \Rightarrow \underline{\underline{A_1 = A_2 = 4\text{ ha}}}$$

Die Lösungen können alle mittels GTR ermittelt werden (auch die Nullstellen). Man kann die Flächeninhalte aber auch unter Nutzung der Stammfunktion $F(x) = \frac{x^4}{4} - 2x^3 + 4x^2$ berechnen.

1.2 Geradengleichung des Radweges: $y = mx + n$

mit P(2; 0) und mit $m = \frac{y_P - y_A}{x_P - x_A} = -2$

folgt $\quad 0 = -2 \cdot 2 + n$

$\qquad n = 4$

also $\quad y = -2x + 4$

$n = 4$ kann man ohne Rechnung sofort dem Punkt $A(\underbrace{0;\,4}_{y_A = n})$ entnehmen.

Schnittpunkte:

$f(x_B) = x_B^3 - 6x_B^2 + 8x_B = -2x_B + 4$

$0 = x_B^3 - 6x_B^2 + 10x_B - 4$

$x_{B_1} \approx 0{,}59 \qquad y_{B_1} = f(x_{B_1}) \approx 2{,}84 \qquad \underline{B_1(0{,}59;\,2{,}84)}$

$x_{B_2} \approx 3{,}41 \qquad y_{B_2} = f(x_{B_2}) \approx -2{,}84 \qquad \underline{B_2(3{,}41;\,-2{,}84)}$

$x_P = 2$

Länge des Radweges:

$|\overrightarrow{B_1B_2}| = \sqrt{(3{,}41-0{,}59)^2 + (-2{,}84-2{,}84)^2}$

$|\overrightarrow{B_1B_2}| \approx 6{,}34 \triangleq \underline{\underline{634\text{ m}}}$

Der Radweg ist $\underline{\underline{634\text{ m}}}$ lang.

Durch das Runden der Koordinaten sind geringe Abweichungen möglich.

$f'(x) = 3x^2 - 12x + 8$

$$\text{(I)} \qquad m_t = f'(x_C) = \frac{y_C - y_A}{x_C - x_A}$$

$$3x_C^2 - 12x_C + 8 = \frac{y_C - 4}{x_C - 0} = \frac{y_C - 4}{x_C}$$

$$\underline{\text{(II)} \quad C \in f(x),\text{ d. h. } y_C = f(x_C) = x_C^3 - 6x_C^2 + 8x_C}$$

$$\text{(I)} \qquad 3x_C^3 - 12x_C^2 + 8x_C = y_C - 4$$

$$\text{mit (II)} \quad 3x_C^3 - 12x_C^2 + 8x_C = x_C^3 - 6x_C^2 + 8x_C - 4$$

$$2x_C^3 - 6x_C^2 + 4 = 0 \quad \text{(Lösung mittels GTR)}$$

$$x_{C_1} = 1 \qquad y_{C_1} = f(1) = 3 \qquad \underline{\underline{C(1;3)}}$$

$$\left.\begin{array}{l} x_{C_2} \approx 2{,}73 \\ x_{C_3} \approx -0{,}73 \end{array}\right\} \text{entfallen, da } 0 < x_C < 2$$

Im Punkt $\underline{\underline{C(1;\ 3)}}$ ist die Bootsanlegestelle geplant.

1.3 $D(0{,}5;\ f(0{,}5)) = D(0{,}5;\ 2{,}625)$

$E_{Max}(0{,}85;\ 3{,}08)$

$$L_f = \int_a^b \sqrt{1 + (f'(x))^2}\,dx$$

mit $a = 0{,}5$

$b = 0{,}85$

$f'(x) = 3x^2 - 12x + 8$

folgt

$$L_f = \int_{0{,}5}^{0{,}85} \sqrt{1 + (3x^2 - 12x + 8)^2}\,dx$$

$\underline{\underline{L_f \approx 0{,}6}}$

Wenn der Kurgast die Strecke vollständig durchläuft, dann absolviert er $\underline{\underline{60\text{ m}}}$.

1.4 Extremwerte: $y_{max} \approx 3{,}08$ $y_{min} \approx -3{,}08$
Nullstellen: $x_{N_1} = 0$ $x_{N_2} = 2$ $x_{N_3} = 4$

$g(x) = a \cdot \sin(bx)$ mit $a = 3{,}08 = y_{max}$

und $\frac{2\pi}{b} = 4$ (kleinste Periode)

folgt $b = \frac{\pi}{2}$

$g(x) = 3{,}08 \cdot \sin\left(\frac{\pi}{2}x\right)$

Maximale Abweichung der Funktionswerte:

$d(x) = |f(x) - g(x)|$

$d(x) = \left| x^3 - 6x^2 + 8x - 3{,}08 \cdot \sin\left(\frac{\pi}{2}x\right) \right|$

Zum Ermitteln der maximalen Abweichung lässt man den Graphen der Funktion d im GRAPH-Menü zeichnen und liest die Koordinaten der Maximumpunkte im Intervall $0 < x < 2$ ab.
Der Funktionswert des Maximumpunktes mit dem größeren y-Wert gibt die maximale Abweichung an.
$E_{Max_1}(0{,}36;\ 0{,}5)$ $E_{Max_2}(1{,}43;\ 0{,}31)$
Die maximale Abweichung der Funktionswerte für $0 < x < 2$ beträgt 50 m.

Wenn die Funktion f den Flussverlauf recht gut beschreibt, dann wäre die Wahl der Funktion g aufgrund der großen Abweichungen nicht sinnvoll.

1.5 X … Anzahl der Regentage
(X ist binomialverteilt mit $n = 20$, $p = 0{,}15$)
$E(X) = n \cdot p = 3$
Für den Kuraufenthalt sind drei Regentage zu erwarten.

$$P(X \geq 6) = \sum_{k=6}^{20} \binom{20}{k} \cdot 0{,}15^k \cdot 0{,}85^{20-k} \approx 0{,}0673$$

Die Lösung wird mit einem geeigneten GTR-Programm bestimmt.

Mit einer Wahrscheinlichkeit von ca. 6,73 % wird die Anzahl der Regentage den zu erwartenden Wert um mehr als 2 überschreiten.

Y … Einnahmen pro Kurgast in €
p … Preis für eine 20-tägige Kur pro Kurgast

y_i	p	$p - 200$
$P(Y = y_i)$	0,9327	0,0673

$E(Y) = 2\,500 = 0{,}9327p + 0{,}0673(p - 200)$
$p = 2\,513{,}46$

Ein geeigneter Preis für eine 20-tägige Kur wäre 2 513,46 €.

Grundkurs Mathematik (Sachsen): Musteraufgabe 1
Teil B – Aufgabe 2

Eine alte Werkhalle soll in eine Galerie umgebaut werden.
In einem kartesischen Koordinatensystem befindet sich die Grundfläche ABCD der Halle in der x-y-Koordinatenebene, wobei der Punkt A mit dem Koordinatenursprung zusammenfällt und die Gebäudekanten senkrecht zur x-y-Ebene stehen.
Die Koordinaten der Eckpunkte des Daches sind bekannt: E(0; 0; 8), F(21; 0; 9,6), G(21; 28; 8), H(0; 35; 6). Dabei entspricht eine Einheit 1 Meter.

2.1 Stellen Sie die Werkhalle in einem kartesischen Koordinatensystem dar und geben Sie die Koordinaten der fehlenden Eckpunkte der Grundfläche an.

Erreichbare BE-Anzahl: 2

2.2 Begründen Sie, dass die Dachfläche eben ist, und geben Sie eine Koordinatengleichung dieser Ebene an.
Ermitteln Sie den Neigungswinkel der Dachflächenebene gegenüber der Grundfläche. Stellen Sie den Lösungsweg ausführlich dar.

Erreichbare BE-Anzahl: 5

2.3 Weisen Sie nach, dass die Dachfläche ein Trapez, aber kein Parallelogramm ist.
Beschreiben Sie ein Verfahren, mit dessen Hilfe man den Flächeninhalt der Dachfläche bestimmen kann.
Berechnen Sie anschließend mit diesem Verfahren den Flächeninhalt der Dachfläche.

Erreichbare BE-Anzahl: 6

Im Inneren der Halle soll ein gläserner Pavillon in Form einer geraden, quadratischen Pyramide entstehen, in dem ein Café für die Galeriebesucher eingerichtet wird. Die Spitze der Pyramide soll in der Dachflächenebene liegen, und von der Grundfläche $P_1P_2P_3P_4$, welche in der x-y-Ebene liegt, sind die Koordinaten zweier gegenüberliegender Eckpunkte $P_1(8; 10; 0)$ und $P_3(14; 16; 0)$ bekannt.

2.4 Ermitteln Sie die Koordinaten der restlichen Eckpunkte der Grundfläche und berechnen Sie die Länge einer Grundkante.

Erreichbare BE-Anzahl: 4

2.5 Ermitteln Sie die Koordinaten der Pyramidenspitze und geben Sie die Höhe der Pyramide an.

Erreichbare BE-Anzahl: 2

2.6 Zur Beleuchtung des Cafés soll eine Lampe in der Pyramidenspitze so aufgehängt werden, dass sie von allen Eckpunkten der Pyramide den gleichen Abstand hat.
Berechnen Sie die Höhe der Lampe über dem Fußboden. Die Lampe wird vereinfacht als Punkt betrachtet.

Erreichbare BE-Anzahl: 2

Tipps und Hinweise

Teilaufgabe 2.1

- Beachten Sie bei der Angabe der fehlenden Koordinaten, dass die Gebäudekanten senkrecht zur x-y-Koordinatenebene verlaufen.

Teilaufgabe 2.2

- Die Dachfläche ist eben, wenn die Punkte E, F, G und H in einer Ebene liegen. Erstellen Sie zum Nachweis die Gleichung der Ebene aus drei Eckpunkten und weisen Sie nach, dass auch der vierte Punkt in dieser Ebene liegt.
- Die Koordinatengleichung der Ebene ist die parameterfreie Form.
- Nutzen Sie zur Berechnung des Neigungswinkels die Formel für den Schnittwinkel zweier Ebenen.

Teilaufgabe 2.3

- Überlegen Sie, welche Eigenschaften ein Trapez bzw. ein Parallelogramm besitzt, und prüfen Sie diese auf Gültigkeit.
- Den Flächeninhalt eines Trapezes kann man z. B. unter Nutzung der Flächeninhaltsformel für Trapeze oder durch Zerlegung der gegebenen Figur in Dreiecke und Nutzung der Flächeninhaltsformel für Dreiecke berechnen.
- Für die Dreiecksflächenberechnung ist das Vektorprodukt gut geeignet.

Teilaufgabe 2.4

- Nutzen Sie zur Bestimmung der restlichen Eckpunkte die Eigenschaften eines Quadrates, dass sich die Diagonalen halbieren und senkrecht aufeinander stehen.
- Erstellen Sie im ersten Schritt z. B. die Gerade, auf der sich die zweite Diagonale befindet.
- Finden Sie die geeigneten Parameterwerte dieser Geraden, sodass die Diagonalenlänge $|\overrightarrow{P_1P_3}|$ mit der Diagonalenlänge $|\overrightarrow{P_2P_4}|$ übereinstimmt. Gut geeignet ist auch der Abstand der Eckpunkte zum Diagonalenschnittpunkt M (halbe Diagonalenlänge).
- Die Länge der Grundkanten kann man über den Abstand zweier benachbarter Eckpunkte oder unter Nutzung der Diagonalenlänge berechnen.

Teilaufgabe 2.5

- Die Pyramidenspitze befindet sich senkrecht über dem Diagonalenschnittpunkt und hat somit die Koordinaten $S(11;\ 13;\ z_S)$.
- Durch Einsetzen des Punktes S in die Ebenengleichung bestimmt man die fehlende z-Koordinate, welche mit der Höhe der Pyramide übereinstimmt, da die Grundfläche der Pyramide in der Ebene $z = 0$ liegt.

Teilaufgabe 2.6

- Der Punkt L hat die Koordinaten $L(11;\ 13;\ z_L)$, da die Lampe von der Spitze aus senkrecht nach unten hängt.
- Erstellen Sie die Gleichung für zwei übereinstimmende Abstände und berechnen Sie die fehlende z-Koordinate.

Lösungen

2.1 Darstellung der Werkhalle

A(0; 0; 0)

E(0; 0; 8), F(21; 0; 9,6), G(21; 28; 8), H(0; 35; 6)

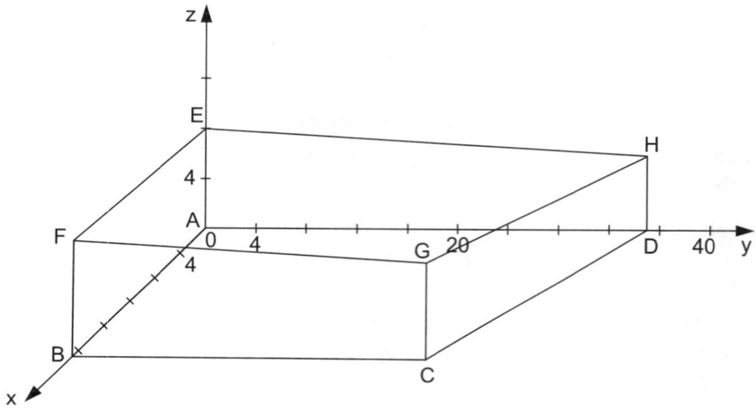

Koordinaten der fehlenden Eckpunkte:

B(21; 0; 0), C(21; 28; 0), D(0; 35; 0)

2.2 $E_{EFH}: \vec{x} = \begin{pmatrix} 0 \\ 0 \\ 8 \end{pmatrix} + r\begin{pmatrix} 21 \\ 0 \\ 1{,}6 \end{pmatrix} + s\begin{pmatrix} 0 \\ 35 \\ -2 \end{pmatrix} \quad (r, s \in \mathbb{R})$

G in E_{EFH}:

$$\begin{aligned} &(I) & 21 &= 21r & &\Rightarrow r = 1 \\ &(II) & 28 &= 35s & &\Rightarrow s = \frac{4}{5} \\ &(III) & 8 &= 8 + 1{,}6r - 2s & & \end{aligned}$$

r und s in

$$\begin{aligned} &(III) & 8 &= 8 + 1{,}6 - 1{,}6 \\ & & 8 &= 8 \qquad \text{w.A.} \Rightarrow G \in E_{EFH} \end{aligned}$$

Damit ist gezeigt, dass die Eckpunkte der Dachfläche in einer Ebene liegen. Die Umwandlung der Parameterform der Ebenengleichung in Koordinatenform erfolgt mit einem geeigneten GTR-Programm.

$\underline{\underline{E_{EFH}: -8x + 6y + 105z = 840}}$

α … Neigungswinkel der Dachfläche gegenüber der Grundfläche

$$\cos\alpha = \left| \frac{\vec{n}_1 \circ \vec{n}_2}{|\vec{n}_1| \cdot |\vec{n}_2|} \right| \quad \text{mit} \quad \vec{n}_1 = \vec{n}_{E_{EFH}} = \begin{pmatrix} -8 \\ 6 \\ 105 \end{pmatrix}$$

$$|\vec{n}_1| = \sqrt{11125}$$

$$\text{und} \quad \vec{n}_2 = \begin{pmatrix} 0 \\ 0 \\ 1 \end{pmatrix}$$

$$|\vec{n}_2| = 1$$

folgt $\cos\alpha = \frac{105}{\sqrt{11125}}$

$$\underline{\underline{\alpha \approx 5{,}4^\circ}}$$

Die Dachfläche ist gegenüber der Grundfläche um $\underline{\underline{5{,}4^\circ}}$ geneigt.

2.3 Ein Viereck ist ein Trapez, aber kein Parallelogramm, wenn es nur ein Paar paralleler Gegenseiten gibt.

$$\left.\begin{array}{l} \overrightarrow{FG} = \begin{pmatrix} 0 \\ 28 \\ -1{,}6 \end{pmatrix} \\ \overrightarrow{EH} = \begin{pmatrix} 0 \\ 35 \\ -2 \end{pmatrix} \end{array}\right\} \overrightarrow{EH} = 1{,}25 \cdot \overrightarrow{FG} \quad \Rightarrow \quad \overrightarrow{EH} \parallel \overrightarrow{FG}$$

$$\left.\begin{array}{l} \overrightarrow{EF} = \begin{pmatrix} 21 \\ 0 \\ 1{,}6 \end{pmatrix} \\ \overrightarrow{HG} = \begin{pmatrix} 21 \\ -7 \\ 2 \end{pmatrix} \end{array}\right\} \begin{array}{l} \overrightarrow{EF} = k \cdot \overrightarrow{HG} \\ \left.\begin{array}{rcl} 21 = 21 \cdot k & \Rightarrow & k_1 = 1 \\ 0 = -7 \cdot k & \Rightarrow & k_2 = 0 \\ 1{,}6 = 2 \cdot k & \Rightarrow & k_3 = 0{,}8 \end{array}\right\} \begin{array}{l} \Rightarrow \; k_1 \neq k_2 \neq k_3 \\ \Rightarrow \; \overrightarrow{EF} \nparallel \overrightarrow{HG} \end{array} \end{array}$$

Damit ist gezeigt, dass das Viereck EFGH ein Trapez, aber kein Parallelogramm ist.

Weg 1:

Zur Berechnung des Flächeninhaltes der Dachfläche nutzt man die Flächeninhaltsformel für das Trapez: $A = \frac{1}{2}(a + c) \cdot h$

Dabei sind a und c die Längen der beiden parallelen Seiten $a = |\overrightarrow{FG}|$ und $b = |\overrightarrow{EH}|$ und h ist der Abstand der beiden parallelen Seiten, also die Trapezhöhe. Da der Abstand paralleler Geraden im Raum im Grundkurs nicht behandelt wird, kann man sich diesen nur unter Nutzung eines geeigneten GTR-Programms anzeigen lassen.

$A = \frac{1}{2}(a + c) \cdot h$ mit $a = |\overrightarrow{FG}| = \sqrt{786{,}56}$

$b = |\overrightarrow{EH}| = \sqrt{1\,229}$

$h \approx 21{,}06$

folgt

$A = \frac{1}{2}(\sqrt{786{,}56} + \sqrt{1\,229}) \cdot 21{,}06$

$\underline{\underline{A \approx 664{,}5}}$

Weg 2:

Man zerlegt das Trapez in 2 Dreiecke, berechnet jeweils deren Flächeninhalt und bestimmt den Flächeninhalt des Trapezes als Summe der Dreiecksflächeninhalte.

Skizze:

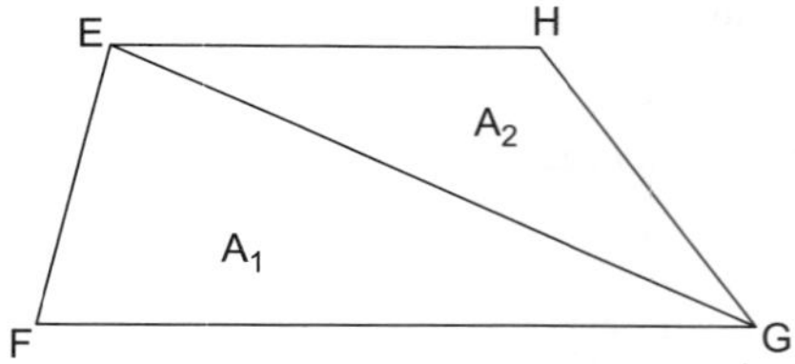

$A_{\Delta EFG} = A_1 = \frac{1}{2}|\overrightarrow{FG} \times \overrightarrow{FE}|$

$A_1 = \frac{1}{2}\left|\begin{pmatrix} 0 \\ 28 \\ -1{,}6 \end{pmatrix} \times \begin{pmatrix} -21 \\ 0 \\ -1{,}6 \end{pmatrix}\right|$

$A_1 = \frac{1}{2}\left|\begin{pmatrix} -44{,}8 \\ 33{,}6 \\ 588 \end{pmatrix}\right|$

$A_1 = \frac{1}{2} \cdot \sqrt{348\,880}$

$\underline{A_1 \approx 295{,}33}$

$$A_{\Delta EGH} = A_2 = \frac{1}{2}\left|\overrightarrow{HE} \times \overrightarrow{HG}\right|$$

$$A_2 = \frac{1}{2}\left|\begin{pmatrix} 0 \\ -35 \\ 2 \end{pmatrix} \times \begin{pmatrix} 21 \\ -7 \\ 2 \end{pmatrix}\right|$$

$$A_2 = \frac{1}{2}\left|\begin{pmatrix} -56 \\ 42 \\ 735 \end{pmatrix}\right|$$

$$A_2 = \frac{1}{2} \cdot \sqrt{545\,125}$$

$$\underline{A_2 \approx 369{,}16}$$

$$\underline{\underline{A = A_1 + A_2 \approx 664{,}5}}$$

Der Flächeninhalt der Dachfläche EFGH beträgt ca. $\underline{\underline{664{,}5\ \text{m}^2}}$.

Zur Berechnung des Vektorproduktes oder des Betrages des Vektors kann man auch geeignete GTR-Programme nutzen.

2.4 Skizze:

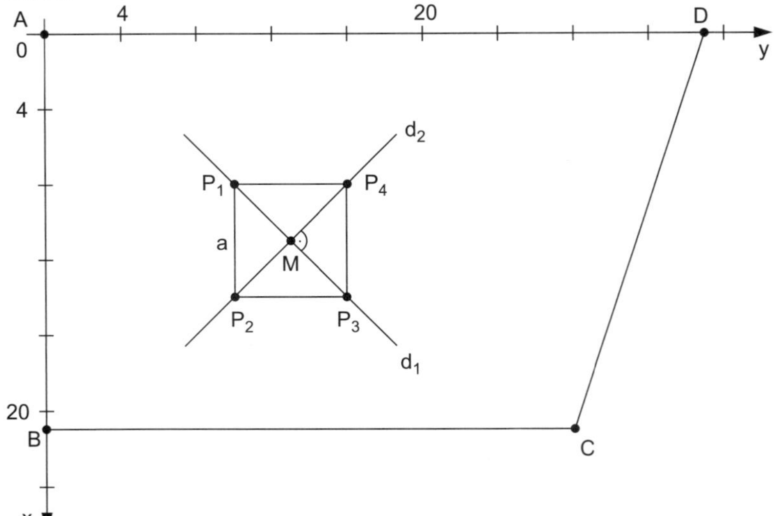

Da die Grundfläche quadratisch ist, stehen die Diagonalen der Grundflächen senkrecht aufeinander und halbieren sich.
Der Diagonalenschnittpunkt ist M.

$$M\left(\frac{x_{P_1} + x_{P_3}}{2}; \frac{y_{P_1} + y_{P_3}}{2}; \frac{z_{P_1} + z_{P_3}}{2}\right) = M(11; 13; 0)$$

Gleichungen der Diagonalen:

$$d_1:\ \vec{x} = \begin{pmatrix} 8 \\ 10 \\ 0 \end{pmatrix} + r\begin{pmatrix} 6 \\ 6 \\ 0 \end{pmatrix} \quad (r \in \mathbb{R})$$

$$d_2:\ \vec{x} = \begin{pmatrix} 11 \\ 13 \\ 0 \end{pmatrix} + s\underbrace{\begin{pmatrix} -1 \\ 1 \\ 0 \end{pmatrix}}_{\vec{a}_{d_2}} \quad (s \in \mathbb{R})$$

Begründung:
Richtungsvektoren sind orthogonal zueinander, da:

$$\begin{pmatrix} 6 \\ 6 \\ 0 \end{pmatrix} \circ \begin{pmatrix} -1 \\ 1 \\ 0 \end{pmatrix} = -6 + 6 = 0$$

Ermittlung der restlichen Eckpunktkoordinaten der Grundfläche:

$$\overrightarrow{MP_1} = \begin{pmatrix} -3 \\ -3 \\ 0 \end{pmatrix} \qquad |\overrightarrow{MP_1}| = \sqrt{18} = 3 \cdot \sqrt{2}$$

$$\vec{a}_{d_2} = \begin{pmatrix} -1 \\ 1 \\ 0 \end{pmatrix} \qquad |\vec{a}_{d_2}| = \sqrt{2}$$

da $|\overrightarrow{MP_2}| = |\overrightarrow{MP_4}| = |\overrightarrow{MP_1}| = 3\sqrt{2}$

$\Rightarrow\ s = \pm 3$ in d_2

$$\text{also } \vec{x} = \begin{pmatrix} 11 \\ 13 \\ 0 \end{pmatrix} \pm 3 \cdot \begin{pmatrix} -1 \\ 1 \\ 0 \end{pmatrix}$$

Wenn $s = 3$, dann $\underline{\underline{P_4(8; 16; 0)}}$.

Wenn $s = -3$, dann $\underline{\underline{P_2(14; 10; 0)}}$.

a… Länge einer Grundkante

Weg 1: $a^2 = 2|\overrightarrow{MP_1}|^2$

$\underline{\underline{a = 6}}$

Weg 2: $a = |\overrightarrow{P_1P_2}| = \left|\begin{pmatrix} 6 \\ 0 \\ 0 \end{pmatrix}\right|$

$\underline{\underline{a = 6}}$

Die Grundkanten des Pavillons sind jeweils $\underline{\underline{6\text{ m}}}$ lang.

2.5 Die Pyramide ist gerade, d. h. die Spitze S liegt senkrecht über dem Punkt M.
$S(11;\ 13;\ z_S)$ in Gleichung der Ebene E_{EFH} einsetzen:

$$-8 \cdot 11 + 6 \cdot 13 + 105 \cdot z_S = 840$$
$$z_S \approx 8{,}1$$

$\Rightarrow \underline{\underline{S(11;13;8{,}1)}}$

Die Höhe h der Pyramide beträgt ca. $\underline{\underline{8{,}1\text{ m}}}$, denn $h = z_S$.

2.6 Für die Lampe L gilt:
(1) $|\overrightarrow{P_1L}| = |\overrightarrow{P_2L}| = |\overrightarrow{P_3L}| = |\overrightarrow{P_4L}| = |\overrightarrow{SL}|$ und
(2) $L(11;\ 13;\ z_L)$, da die Lampe senkrecht nach unten hängt.

$$|\overrightarrow{P_1L}| = |\overrightarrow{SL}|$$

$$\left|\begin{pmatrix} 11-8 \\ 13-10 \\ z_L - 0 \end{pmatrix}\right| = \left|\begin{pmatrix} 11-11 \\ 13-13 \\ z_L - 8{,}1 \end{pmatrix}\right|$$

$$\sqrt{3^2 + 3^2 + z_L^2} = \sqrt{(z_L - 8{,}1)^2}$$

$$18 + z_L^2 = z_L^2 - 16{,}2z_L + 65{,}61$$

$$\underline{\underline{z_L \approx 2{,}9}}$$

Die Lampe hängt ca. $\underline{\underline{2{,}9\text{ m}}}$ über dem Fußboden.

Grundkurs Mathematik (Sachsen): Musteraufgabe 2
Teil A (ohne Rechenhilfsmittel)

1 In den Aufgaben 1.1 bis 1.5 ist von den jeweils fünf Antwortmöglichkeiten genau eine richtig. Kreuzen Sie das jeweilige Feld an.

1.1 Die Funktion f mit $f(x)=\frac{2-3x^2}{x^2-4}$ $(x \in D_f)$ besitzt

☐ nur eine waagerechte Asymptote $y_A = 2$.

☐ zwei waagerechte Asymptoten $y_{A_1} = -2$ und $y_{A_2} = 2$.

☐ eine senkrechte Asymptote $x_A = -3$.

☒ eine waagerechte Asymptote $y_A = -3$ und zwei senkrechte Asymptoten $x_{A_1} = -2$ und $x_{A_2} = 2$.

☐ keine Asymptoten.

1.2 Gegeben sind die Funktion f mit $f(x)=x^2+\frac{1}{2}$ $(x \in D_f)$, die Funktion g mit $g(x)=-4x^4+4x^3+\frac{1}{2}$ $(x \in D_g)$ und der Punkt $P\left(\frac{1}{2};\frac{3}{4}\right)$.
Die Graphen der Funktionen f und g

☐ haben den Punkt P nicht als gemeinsamen Punkt.

☐ haben im Punkt P jeweils einen Extrempunkt.

☐ schneiden sich senkrecht im Punkt P.

☐ schneiden sich nicht senkrecht im Punkt P.

☒ berühren sich im Punkt P.

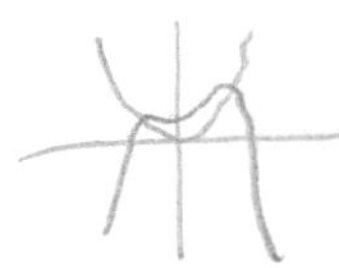

1.3 Der Inhalt der Flächen, die vom Graphen der Funktion f mit $f(x)=x\cdot(x+2)\cdot(x-4)$ und der x-Achse vollständig begrenzt werden, beträgt

☒	☐	☐	☐	☐
$49\frac{1}{3}$ FE	$-49\frac{1}{3}$ FE	$6\frac{2}{3}$ FE	$42\frac{2}{3}$ FE	36 FE

1.4 Gegeben sind die Gerade g mit der Gleichung g: $\vec{x} = \begin{pmatrix} 2 \\ 3 \\ 8 \end{pmatrix} + r \begin{pmatrix} 1 \\ 3 \\ 5 \end{pmatrix}$ $(r \in \mathbb{R})$ und die Ebene E mit E: $\vec{x} = \begin{pmatrix} -2 \\ 1 \\ 3 \end{pmatrix} + s \begin{pmatrix} 2 \\ 1 \\ -1 \end{pmatrix} + t \begin{pmatrix} 1 \\ -2 \\ 1 \end{pmatrix}$ $(s, t \in \mathbb{R})$. Die Gerade g

- ☐ hat mit der Ebene E keinen Punkt gemeinsam.
- ☐ hat mit der Ebene E unendlich viele Punkte gemeinsam.
- ☐ schneidet die Ebene E orthogonal im Punkt $P_1(-2; 1; 3)$.
- ☒ schneidet die Ebene E orthogonal im Punkt $P_2(1; 0; 3)$.
- ☐ schneidet die Ebene E nicht orthogonal im Punkt $P_2(1; 0; 3)$.

1.5 Eine Geldbörse G_1 enthält vier 2-€-Stücke und zwei 1-€-Stücke, eine Geldbörse G_2 enthält drei 2-€-Stücke und drei 1-€-Stücke. Weitere Münzen und Geldscheine befinden sich nicht in den Geldbörsen. Außerdem sind die 1-€- und 2-€-Stücke beim Ziehungsvorgang nicht unterscheidbar.
Beiden Geldbörsen wird zufällig eine Münze entnommen.
Mit welcher Wahrscheinlichkeit sind nach der Entnahme die Geldbeträge in beiden Geldbörsen gleich?

☐	☒	☐	☐	☐
$\frac{1}{4}$	$\frac{1}{3}$	$\frac{1}{2}$	$\frac{2}{3}$	$\frac{3}{4}$

Erreichbare BE-Anzahl: 5

2 Gegeben ist die Ebene E: $3x + 4y + 3z = 12$.

2.1 Geben Sie die Schnittpunkte der Ebene E mit den Koordinatenachsen an und stellen Sie die Ebene im Koordinatensystem dar.

2.2 Die Ebene E und die Koordinatenebenen begrenzen eine dreiseitige Pyramide. Bestimmen Sie das Volumen dieser Pyramide.

Erreichbare BE-Anzahl: 3

3 Gegeben ist die Funktion f durch $y = f(x) = \frac{1}{8}x^3 - \frac{3}{4}x^2$ $(x \in \mathbb{R})$. Durch die Wendetangente w und die Koordinatenachsen wird ein Dreieck bestimmt. Weisen Sie rechnerisch nach, dass die Wendetangente die Gleichung w: $y = -\frac{3}{2}x + 1$ hat und berechnen Sie den Flächeninhalt des Dreiecks.

Erreichbare BE-Anzahl: 4

4 Ein Glücksrad sei in vier gleich große Sektoren unterteilt. Zwei Sektoren sind mit der Ziffer 5 und je ein Sektor mit der Ziffer 1 bzw. 3 beschriftet.
Ein Zufallsexperiment besteht im zweimaligen Drehen des Rades.
Berechnen Sie den Erwartungswert der Zufallsgröße X: „Summe der dabei auftretenden Zahlen“.

Erreichbare BE-Anzahl: 3

Tipps und Hinweise

Teilaufgabe 1.1

- Untersuchen Sie zur Bestimmung senkrechter Asymptoten die Funktion auf Polstellen x_P.
  Beachten Sie dabei: x_P ist Polstelle, wenn für die Funktion $f(x) = \frac{u(x)}{v(x)}$ gilt:
  $v(x_P) = 0$ und $u(x_P) \neq 0$
- Untersuchen Sie zur Bestimmung der waagerechten Asymptoten das Verhalten der Funktion im Unendlichen.

Teilaufgabe 1.2

- Untersuchen Sie, ob die Koordinaten des Punktes P die beiden Funktionsgleichungen erfüllen.
- Wenn ja, dann untersuchen Sie außerdem den Anstieg beider Funktionen an der Stelle $x = \frac{1}{2}$.

Teilaufgabe 1.3

- Untersuchen Sie die Funktion auf Nullstellen.
- Beachten Sie bei der Erstellung der Teilintegrale zur Flächenberechnung, dass sich auch Flächenstücke unterhalb der x-Achse befinden können.

Teilaufgabe 1.4

- Untersuchen Sie die Lagebeziehung von Gerade und Ebene, indem Sie z. B. den Normalenvektor der Ebene mit dem Richtungsvektor der Geraden vergleichen.
- Untersuchen Sie weiterhin Ebene und Gerade auf gemeinsame Punkte oder überprüfen Sie, ob P_1 bzw. P_2 ein gemeinsamer Punkt von Ebene und Gerade ist.

Teilaufgabe 1.5

- Bestimmen Sie die Geldbeträge in beiden Geldbörsen.
- Entscheiden Sie, bei welchen Münzentnahmen sich gleiche Beträge ergeben.
- Berechnen Sie die zugehörige(n) Wahrscheinlichkeit(en).

Teilaufgabe 2.1

- Für die Schnittpunkte mit den Koordinatenachsen gilt:
  $S_x(x; 0; 0)$, $S_y(0; y; 0)$, $S_z(0; 0; z)$
- Zur Darstellung der Ebene tragen Sie diese drei Punkte ins Koordinatensystem ein und verbinden sie miteinander.

Teilaufgabe 2.2

- Nutzen Sie zur Volumenberechnung die Formel $V = \frac{1}{3} \cdot A_G \cdot h$. Als Grundfläche wählen Sie z. B. die Dreiecksfläche in der x-y-Ebene.

Teilaufgabe 3

- Bestimmen Sie den Wendepunkt der Funktion f.
  Für die Wendestelle x_W gilt: $f''(x_W)=0$ und $f'''(x_W)\neq 0$
- Erstellen Sie die Gleichung der Wendetangente. Diese verläuft durch den Wendepunkt W und ihr Anstieg ist gleich der 1. Ableitung der Funktion f an der Stelle x_W.
- Skizzieren Sie die Wendetangente in ein Koordinatensystem, markieren Sie sich die gesuchte Fläche und berechnen Sie den Flächeninhalt unter Nutzung der Kathetenlängen.

Teilaufgabe 4

- Erstellen Sie eine Verteilungstabelle für die Zufallsgröße X … „Summe der auftretenden Zahlen“.
- Der Erwartungswert berechnet sich mit der Formel:
  $$E(X)=\sum_{i=1}^{n} x_i \cdot P(X=x_i)$$

Lösungen

1 *Vorbemerkung:* Als Lösung ist nur das Kreuz im jeweils richtigen Feld verlangt; im Folgenden sind zusätzlich Rechnungen und Begründungen für die richtige Antwort angegeben.

1.1 Richtige Antwort: Kreuz in $\underline{\underline{\text{Feld 4}}}$

$$f(x)=\frac{2-3x^2}{x^2-4}=\frac{u(x)}{v(x)}$$

Polstellen: $v(x_P)=x_P^2-4=0$ und $u(x_P)\neq 0$

$$\left.\begin{aligned} x_{P_1}&=-2\\ u(-2)&=-10\neq 0\\ x_{P_2}&=2\\ u(2)&=-10\neq 0\end{aligned}\right\}\Rightarrow \text{ senkrechte Asymptoten } x_{A_{1;2}}=\mp 2$$

Verhalten im Unendlichen:

$$\lim_{x\to\pm\infty}\frac{2-3x^2}{x^2-4}=\lim_{x\to\pm\infty}\frac{x^2\left(\frac{2}{x^2}-3\right)}{x^2\left(1-\frac{4}{x^2}\right)}=-3$$

$\Rightarrow$ waagerechte Asymptote $y_A=-3$

1.2 Richtige Antwort: Kreuz in $\underline{\underline{\text{Feld 5}}}$

$$f\left(\frac{1}{2}\right)=\frac{3}{4}\quad=\quad g\left(\frac{1}{2}\right)=-4\cdot\frac{1}{16}+4\cdot\frac{1}{8}+\frac{1}{2}=\frac{3}{4}=y_P$$

$\Rightarrow$ P ist ein gemeinsamer Punkt der Graphen der Funktionen f und g.

$$f'(x)=2x\qquad g'(x)=-16x^3+12x^2$$

$$f'\left(\frac{1}{2}\right)=1\quad=\quad g'\left(\frac{1}{2}\right)=-16\cdot\frac{1}{8}+12\cdot\frac{1}{4}=1$$

$\Rightarrow$ Die Funktionen f und g haben im Punkt P die gleiche Steigung. Somit berühren sich die Graphen beider Funktionen im Punkt P.

1.3 Richtige Antwort: Kreuz in $\underline{\underline{\text{Feld 1}}}$

Nullstellen: $f(x_N)=0=x_N\cdot(x_N+2)\cdot(x_N-4)$

$$x_{N_1}=0$$
$$x_{N_2}=-2$$
$$x_{N_3}=4$$

$$A=\left|\int_{-2}^{0}f(x)dx\right|+\left|\int_{0}^{4}f(x)dx\right|$$

mit $f(x) = x(x+2)\cdot(x-4)$

$f(x) = x^3 - 2x^2 - 8x$

folgt $F(x) = \frac{1}{4}x^4 - \frac{2}{3}x^3 - 4x^2$

$$A = \left|\left[\frac{1}{4}x^4 - \frac{2}{3}x^3 - 4x^2\right]_{-2}^{0}\right| + \left|\left[\frac{1}{4}x^4 - \frac{2}{3}x^3 - 4x^2\right]_{0}^{4}\right|$$

$$A = \left|-\left(4 + \frac{16}{3} - 16\right)\right| + \left|\left(64 - \frac{128}{3} - 64\right)\right|$$

$$A = \frac{20}{3} + \frac{128}{3} = \frac{148}{3} = 49\frac{1}{3}$$

1.4 Richtige Antwort: Kreuz in Feld 4

$$\vec{n}_E = \begin{pmatrix} 2 \\ 1 \\ -1 \end{pmatrix} \times \begin{pmatrix} 1 \\ -2 \\ 1 \end{pmatrix} = \begin{pmatrix} -1 \\ -3 \\ -5 \end{pmatrix} = (-1)\cdot \underbrace{\begin{pmatrix} 1 \\ 3 \\ 5 \end{pmatrix}}_{\vec{a}_g} \Rightarrow \vec{n}_E \parallel \vec{a}_g, \text{ also } g \perp E$$

Schnittpunktbestimmung:

$$g = E$$

$$\begin{aligned} 2 + r &= -2 + 2s + t \\ 3 + 3r &= 1 + s - 2t \\ 8 + 5r &= 3 - s + t \end{aligned}$$

$$\begin{aligned} 4 &= 2s + t - r \\ 2 &= s - 2t - 3r \quad \downarrow \cdot(-2) \\ 5 &= -s + t - 5r \quad \downarrow \cdot 2 \end{aligned}$$

$$\begin{aligned} 4 &= 2s + t - r \\ 0 &= 5t + 5r \quad \cdot(-3) \\ 14 &= 3t - 11r \quad \downarrow \cdot 5 \end{aligned}$$

$$\begin{aligned} 4 &= 2s + t - r \\ 0 &= 5t + 5r \\ 70 &= -70r \qquad r = -1 \end{aligned}$$

Einsetzen von r in g: $S(1; 0; 3) = P_2$

Statt der Schnittpunktberechnung kann man auch prüfen, welcher der Punkte P_1 oder P_2 die Ebenen- und die Geradengleichung erfüllt.

1.5 Richtige Antwort: Kreuz in Feld 2

Geldbörse G_1: $4 \cdot 2\ € + 2 \cdot 1\ € = 10\ €$

Geldbörse G_2: $3 \cdot 2\ € + 3 \cdot 1\ € = 9\ €$

Die Geldbeträge sind gleich, wenn man G_1 ein 2-€-Stück entnimmt und G_2 ein 1-€-Stück.

Für die zugehörige Wahrscheinlichkeit gilt:

$$\frac{4}{6} \cdot \frac{3}{6} = \frac{1}{3}$$

2.1 $S_x(4; 0; 0)$ $S_y(0; 3; 0)$ $S_z(0; 0; 4)$

Darstellung der Ebene:

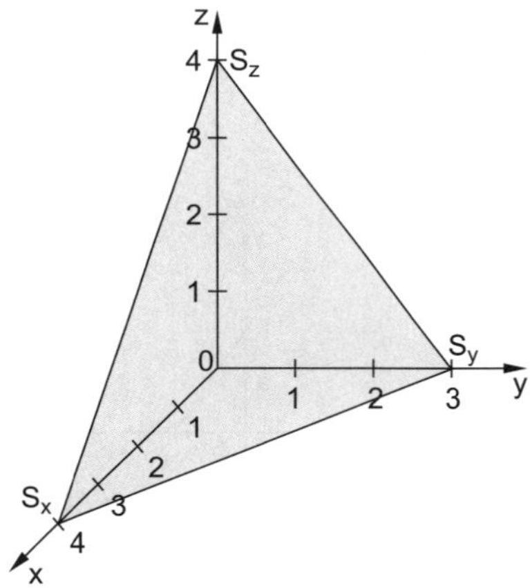

2.2 $V = \frac{1}{3} A_G \cdot h$ mit $A_G = \frac{1}{2} a \cdot b = \frac{1}{2} \cdot 4 \cdot 3 = 6$

und $h = 4$

$$V = \frac{1}{3} \cdot 6 \cdot 4$$

$$\underline{\underline{V = 8}}$$

Die Pyramide hat ein Volumen von $\underline{\underline{8 \text{ VE}}}$.

3 Wendepunkt: $f'(x) = \frac{3}{8} x^2 - \frac{3}{2} x$

$$f''(x) = \frac{3}{4} x - \frac{3}{2}$$

$$f'''(x) = \frac{3}{4}$$

$$f''(x_W) = 0 = \frac{3}{4} x_W - \frac{3}{2}$$

$x_W = 2$ $y_W = f(x_W) = -2$

$$f'''(2) = \frac{3}{4} \neq 0 \Rightarrow W(2; -2)$$

Wendetangente w: $f'(2) = -\frac{3}{2} = m_W$ und $W(2; -2)$

in w: $y = m_W x + n$

$$-2 = -\frac{3}{2} \cdot 2 + n$$

$$n = 1$$

$$\underline{\underline{w:\ y = -\frac{3}{2}x + 1}} \Rightarrow \text{Aussage bestätigt}$$

A … Flächeninhalt des Dreiecks

Nullstelle von w: $0 = -\frac{3}{2}x_N + 1$

$$x_N = \frac{2}{3}$$

Skizze:

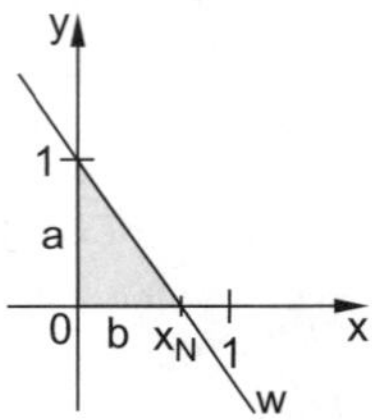

Damit gilt: $A = \frac{1}{2}a \cdot b$

mit $a = n = 1$ und $b = x_N = \frac{2}{3}$

folgt $A = \frac{1}{2} \cdot 1 \cdot \frac{2}{3}$

$$\underline{\underline{A = \frac{1}{3}}}$$

Das Dreieck hat einen Flächeninhalt von $\underline{\underline{\frac{1}{3}\text{ FE}}}$.

4 Skizze:

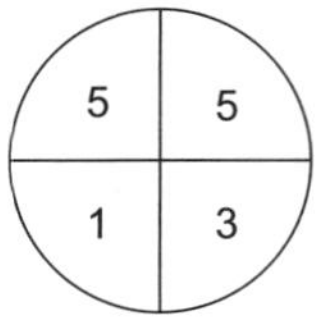

mit $P(5) = \frac{1}{2}$

$P(1) = P(3) = \frac{1}{4}$

X … Summe der Augenzahlen beim zweimaligen Drehen des Glücksrades

x_i	2	4	6	8	10
Ergebnisse	11	13; 31	33; 15; 51	53; 35	55
$P(X = x_i)$	$\frac{1}{16}$	$2 \cdot \frac{1}{16} = \frac{1}{8}$	$\frac{1}{16} + 2 \cdot \frac{1}{8} = \frac{5}{16}$	$2 \cdot \frac{1}{8} = \frac{1}{4}$	$\frac{1}{4}$

$$E(X) = 2 \cdot \frac{1}{16} + 4 \cdot \frac{1}{8} + 6 \cdot \frac{5}{16} + 8 \cdot \frac{1}{4} + 10 \cdot \frac{1}{4}$$

$$\underline{\underline{E(X) = 7}}$$

Grundkurs Mathematik (Sachsen): Musteraufgabe 2
Teil B – Aufgabe 1

Hochseilgärten erfreuen sich immer größerer Beliebtheit. Der Hochseilgarten von Gipfelhausen hat 5 verschiedene Parcours (Gaudi, Entspannung, Abenteuer, Fitness, Risiko) mit 65 verschiedenen Elementen.
Ein Element ist eine Seilbrücke mit einer Spannweite von 16 m. Sie ist an zwei symmetrisch zur y-Achse liegenden Punkten befestigt. Ihr Verlauf wird in einem kartesischen Koordinatensystem (1 Einheit entspricht 1 Meter) durch die Gleichung der Funktion h mit $y = h(x) = e^{\frac{x}{6}} + e^{-\frac{x}{6}} + 8 \ (x \in D_h)$ beschrieben.

1.1 Geben Sie die Koordinaten der Befestigungspunkte der Seilbrücke an und geben Sie den Definitionsbereich der Funktion h so an, dass diese den Verlauf der Seilbrücke beschreibt.
Weisen Sie die Symmetrie der Funktion h nach.
Berechnen Sie die Länge der Seilbrücke. Nutzen Sie dazu die Formel
$L_f = \int\limits_a^b \sqrt{1 + (f'(x))^2}\,dx$ für die Bogenlänge einer Kurve.

Erreichbare BE-Anzahl: 6

Die Brücke überspannt einen Flusslauf. Das Profil des Flusslaufes kann in einem kartesischen Koordinatensystem (1 Einheit entspricht 1 Meter) durch den Graphen der Funktion f mit $y = f(x) = 3 - \frac{30}{x^2 + 10} \ (x \in D_f)$ beschrieben werden.

1.2 Der Fluss hat normalerweise eine Tiefe von 1,5 m.
Ermitteln Sie für diesen Fall die Flussbreite und die Minimalentfernung, die die Brücke zur Wasseroberfläche hat.

Erreichbare BE-Anzahl: 3

Zur Bestimmung der Wassermenge des Flusses wird die Funktion f im Intervall [–3; 3] durch den Graphen einer zur y-Achse symmetrischen Funktion g vierten Grades angenähert. Dabei sollen beide Funktionen im Minimumpunkt und in den Intervallgrenzen jeweils im Funktionswert und in der Steigung übereinstimmen.

1.3 Bestimmen Sie die Gleichung einer solchen Funktion g.
Berechnen Sie näherungsweise mithilfe der Funktion g und unter Nutzung des Hauptsatzes der Differenzial- und Integralrechnung die Wassermenge im Fluss je 500 m Länge bei einer Flussbreite von 6 m.

Erreichbare BE-Anzahl: 4

Eine weitere Attraktion ist ein 12 m hoher Klettermast. Dieser befindet sich im schrägen Gelände und steht senkrecht zur Horizontalebene. Vom Gelände sind drei Geländepunkte $A(-10; 10; 0)$, $B(10; -30; -15)$ und $C(-20; 20; 5)$ in einem kartesischen Koordinatensystem (1 Einheit entspricht 1 Meter) gegeben, und die Lage der Horizontalebene wird durch die x-y-Ebene beschrieben. Der Fußpunkt des Mastes hat die Koordinaten $P_a(a; 12; 4)$ $(a \in \mathbb{R})$.

1.4 Stellen Sie eine Parametergleichung der Ebene G auf, die das Gelände beschreibt.
Geben Sie den Neigungswinkel α der Ebene G gegenüber der Horizontalebene an.
Ermitteln Sie die fehlende Koordinate a des Mastfußpunktes.

Erreichbare BE-Anzahl: 3

1.5 In 10 m Höhe soll eines der drei Befestigungsseile am Mast angebracht werden.
Die Richtung dieses Seils wird durch den Vektor $\vec{v} = \begin{pmatrix} 1 \\ -1{,}5 \\ -5 \end{pmatrix}$ bestimmt.
Ermitteln Sie den Abstand, den der Verankerungspunkt F dieses Seils vom Fußpunkt des Mastes besitzt.
Ermitteln Sie die Parameterbedingung, damit durch die Geradengleichung nur das Seilstück beschrieben wird.

Erreichbare BE-Anzahl: 3

Die Klasse 12/2 besucht mit 20 Schülern, davon 12 Mädchen, den Hochseilgarten. Jeder Schüler kann aus den 5 Parcours 3 auswählen, wobei die Reihenfolge des Ablaufens keine Rolle spielt.

1.6 Geben Sie die Anzahl der möglichen Parcourszusammenstellungen an.

Erreichbare BE-Anzahl: 1

Erfahrungsgemäß durchlaufen 6 von 10 Mädchen den Abenteuerkurs vollständig, bei den Jungen sind es 80 %.

1.7 Ermitteln Sie die Wahrscheinlichkeit dafür, dass mehr Jungen als zu erwarten den Abenteuerkurs bewältigen.
Berechnen Sie die Mindestzahl von Mädchen, die man auf den Abenteuerkurs schicken muss, damit mit einer Wahrscheinlichkeit von mehr als 99 % wenigstens eins der gestarteten Mädchen den Parcours vollständig absolviert.

Erreichbare BE-Anzahl: 4

Tipps und Hinweise

Teilaufgabe 1.1

- Beachten Sie, dass für die Koordinaten der Befestigungspunkte $P_{1;2}$ gilt:
  $x_P = \mp 8$ und $y_P = f(\mp 8)$
- Stellen Sie den Definitionsbereich als abgeschlossenes Intervall dar.
- Nutzen Sie zur Untersuchung des Symmetrieverhaltens die Symmetriebedingungen:
  Punktsymmetrie zum Koordinatenursprung: $f(-x) = -f(x)$
  Achsensymmetrie zur y-Achse: $f(-x) = f(x)$
- Setzen Sie in die Formel für die Bogenlänge die Ableitungsfunktion der Funktion h und die x-Koordinaten der beiden Begrenzungspunkte als Integrationsgrenzen ein.

Teilaufgabe 1.2

- Veranschaulichen Sie sich den Flussquerschnitt eventuell in einer Skizze.
- Die Flusstiefe von 1,5 m entspricht dem Funktionswert $f(x) = 1{,}5$. Bestimmen Sie mittels GTR die zugehörigen x-Werte. Der Abstand dieser beiden Werte ist die Flussbreite.
- Die Minimalentfernung der Brücke von der Wasseroberfläche ist der Abstand des lokalen Minimumpunktes (Tiefpunktes) der Funktion h von der Wasseroberfläche.

Teilaufgabe 1.3

- Die allgemeine Form der Funktionsgleichung der Funktion g lautet aufgrund der Achsensymmetrie zur y-Achse: $g(x) = ax^4 + bx^2 + c$
- Nutzen Sie zur Erstellung einer Gleichung der Funktion g die Koordinaten des Minimumpunktes sowie den Funktionswert eines Intervallgrenzpunktes und den Anstieg in diesem Punkt.
- Bestimmen Sie den Flächeninhalt der Flussquerschnittsfläche. Beachten Sie, dass es sich um ein von zwei Funktionen begrenztes Flächenstück handelt.
- Beschreiben Sie die Wasseroberfläche durch eine Funktionsgleichung.
- Bestimmen Sie die Integrationsgrenzen als Schnittstellen der Funktion g und der Funktion der Wasseroberfläche.
- Nutzen Sie die Symmetrie der Funktion g.
- Multiplizieren Sie den Flächeninhalt der Querschnittsfläche mit 500.

Teilaufgabe 1.4

- Der Neigungswinkel ist der Schnittwinkel zwischen Ebene G und Ebene $z = 0$.
- Setzen Sie die Koordinaten des Punktes P_a in die Parameterform der Ebenengleichung ein und lösen Sie das Gleichungssystem oder wandeln Sie die Ebenengleichung erst in allgemeine Form um und bestimmen Sie dann die fehlende Koordinate a durch Einsetzen des Punktes P_a in diese Gleichung.

Teilaufgabe 1.5

- Erstellen Sie die Geradengleichung für das Befestigungsseil. Beachten Sie, dass der Seilpunkt am Mast die Koordinaten P'(–24; 12; 14) (10 m Höhe) besitzt.
- Bestimmen Sie die Koordinaten des Durchstoßpunktes der Geraden durch die Ebene G.
- Bestimmen Sie den Abstand des Durchstoßpunktes vom Mastfußpunkt.
- Da das Seilstück ein Streckenstück ist, durchläuft der Parameter der Geradengleichung nur Werte eines abgeschlossenen Intervalls. Bestimmen Sie dazu die Parameterwerte in den beiden Randpunkten der Strecke.

Teilaufgabe 1.6

- Nutzen Sie zur Bestimmung der Anzahl der möglichen Parcourszusammenstellungen den Binomialkoeffizienten $\binom{n}{k}$.

Teilaufgabe 1.7

- Die Anzahl der Jungen, die den Abenteuerkurs bewältigen, ist binomialverteilt mit den Parametern $n = 8$ und $p = 0{,}8$.
- Der Erwartungswert einer binomialverteilten Zufallsgröße X berechnet sich mittels $E(X) = n \cdot p$.
- Die gesuchte Wahrscheinlichkeit ist die Summenwahrscheinlichkeit $P(X > E(X))$.
- Die Anzahl der Mädchen, die den Abenteuerkurs bewältigen, ist binomialverteilt mit dem Parameter $p = 0{,}6$.
- Nutzen Sie zur Berechnung der gesuchten Größe folgenden Zusammenhang: $P(\text{mindestens ein Erfolg}) = 1 - P(\text{kein Erfolg}) > 0{,}99$.

Lösungen

1.1 Skizze:

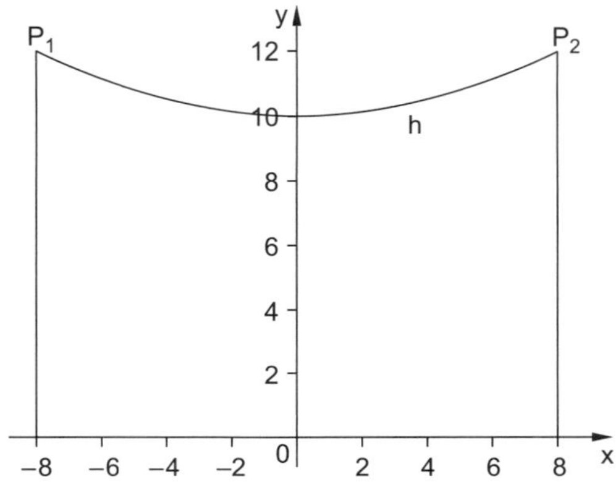

Befestigungspunkte: $P_1(-8;\ 12{,}06)$
$P_2(8;\ 12{,}06)$

Die Koordinaten der Befestigungspunkte sind nur anzugeben. Eine Berechnung erfolgt mit dem Ansatz: $h(8) = e^{\frac{4}{3}} + e^{-\frac{4}{3}} + 8 = h(-8)$

Definitionsbereich: $D_h = \{x \mid x \in \mathbb{R}, -8 \leq x \leq 8\}$

Die Funktion h ist achsensymmetrisch zur y-Achse, wenn gilt:

$$h(-x) = h(x)$$

$e^{-\frac{x}{6}} + e^{\frac{x}{6}} + 8 = e^{\frac{x}{6}} + e^{-\frac{x}{6}} + 8$ wahre Aussage

Die Länge ℓ der Seilbrücke berechnet man mit der angegebenen Formel:

$$\ell = \int_a^b \sqrt{1 + (h'(x))^2}\, dx$$

$$h'(x) = \frac{1}{6}e^{\frac{x}{6}} - \frac{1}{6}e^{-\frac{x}{6}}$$

$$\ell = \int_{-8}^{8} \sqrt{1 + \left(\frac{1}{6}e^{\frac{x}{6}} - \frac{1}{6}e^{-\frac{x}{6}}\right)^2}\, dx$$

$$\ell \approx 16{,}72$$

Die Berechnung erfolgt mit dem GTR.

Die Seilbrücke hat eine Länge von ca. 16,7 m.

1.2 Skizze:

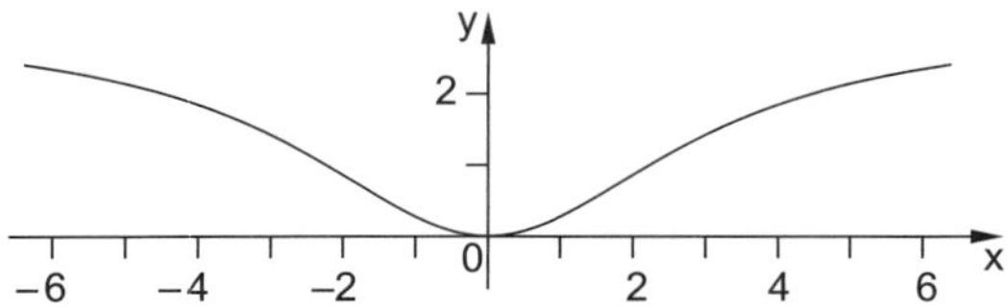

Flussbreite b: $f(x) = 1{,}5$

$x_{1;2} \approx \pm 3{,}16$ (mittels GTR bestimmt)

$\underline{\underline{b = 2 \cdot |x| \approx 6{,}32}}$

Der Fluss ist bei einer Tiefe von 1,5 m $\underline{\underline{\text{ca. } 6{,}3\text{ m}}}$ breit.

Ausführlicher Lösungsweg (nicht verlangt):

$$f(x) = 3 - \frac{30}{x^2 + 10} = 1{,}5$$

$$1{,}5(x^2 + 10) = 30$$

$$x^2 = 10$$

$$x_{1;2} = \pm\sqrt{10} \approx \pm 3{,}16$$

Die Minimalentfernung d der Brücke zur Wasseroberfläche ist der Abstand zwischen dem lokalen Minimumpunkt (Tiefpunkt) S der Funktion h und der Wasseroberfläche:

$h(0) = 10 \Rightarrow d = 10 - 1{,}5 = \underline{\underline{8{,}5}}$

Die Minimalentfernung beträgt $\underline{\underline{8{,}5\text{ m}}}$.

1.3 $g(x) = ax^4 + bx^2 + c$

(Gleichung einer zur y-Achse symmetrischen Funktion 4. Grades)

$g'(x) = 4ax^3 + 2bx$

$f(0) = g(0) = \underline{0 = c}$

$$\begin{aligned} f(3) &= g(3) = 1{,}42 = 81a + 9b + c \\ f'(3) &= g'(3) = 0{,}4986 = 108a + 6b \end{aligned}$$

$$\begin{aligned} \text{(I)} \quad 1{,}42 &= 81a + 9b \\ \text{(II)} \quad 0{,}4986 &= 108a + 6b \end{aligned}$$

mittels GTR: $a = -8{,}3 \cdot 10^{-3}$

$b = 0{,}2325$

$\Rightarrow \underline{\underline{g(x) = -0{,}0083x^4 + 0{,}2325x^2}}$

Wassermenge w:

$$w = 500 \cdot 2 \cdot \int_0^3 [t - g(x)]dx$$

$t = g(3) = g(-3) \approx 1{,}42$

Zur Bestimmung des Wertes t lässt man g(x) im GRAPH-Menü zeichnen und sich den y-Wert an der Stelle $x = -3$ oder $x = 3$ anzeigen.
Dieser Wert entspricht t.

$$w = 500 \cdot 2 \cdot \int_0^3 (1{,}42 + 0{,}0083x^4 - 0{,}2325x^2)dx$$

$$w = 500 \cdot 2 \cdot \left[1{,}42x + 0{,}0083\frac{x^5}{5} - 0{,}2325\frac{x^3}{3}\right]_0^3$$

$$w \approx 500 \cdot 2 \cdot [4{,}26 + 0{,}4034 - 2{,}0925]$$

$$\underline{\underline{w \approx 2\,570{,}9}}$$

Die Wassermenge im Fluss je 500 m beträgt $\underline{\underline{\text{ca. } 2\,571\text{ m}^3}}$.

1.4 $G: \vec{x} = \begin{pmatrix} -10 \\ 10 \\ 0 \end{pmatrix} + r\begin{pmatrix} 20 \\ -40 \\ -15 \end{pmatrix} + s\begin{pmatrix} -10 \\ 10 \\ 5 \end{pmatrix} \quad (r, s \in \mathbb{R})$

Neigungswinkel α gegenüber x-y-Ebene:

$\underline{\underline{\alpha \approx 19{,}47°}}$

Der Neigungswinkel wird mit einem geeigneten GTR-Programm bestimmt.

Umwandlung der Ebene G in parameterfreie Form mit einem geeigneten GTR-Programm:

$G: \; -x + y - 4z = 20$

$P_a(a; 12; 4)$ in G: $\quad -a + 12 - 16 = 20$

$$\underline{\underline{a = -24}}$$

Alternativ kann a bestimmt werden, indem man das Gleichungssystem löst, das durch Einsetzen der Koordinaten von P_a in die Parameterform von G entsteht.

1.5 Geradengleichung des Befestigungsseils:

$s: \vec{x} = \begin{pmatrix} -24 \\ 12 \\ 14 \end{pmatrix} + t\begin{pmatrix} 1 \\ -1{,}5 \\ -5 \end{pmatrix} \quad (t \in \mathbb{R})$

Stützvektor von s ist Ortsvektor des Punktes P', welcher 10 m senkrecht über P liegt, d. h. P'(–24; 12; 4 + 10).

Bestimmung des Durchstoßpunktes F der Geraden s durch die Ebene G mit einem geeigneten GTR-Programm:
F(–21,71; 8,57; 2,57)

Abstand von P zu F:

$$|\overrightarrow{PF}| = \left|\begin{pmatrix} 2,29 \\ -3,43 \\ -1,43 \end{pmatrix}\right| \approx \underline{\underline{4,4}}$$

Der Verankerungspunkt F des Seils ist etwa $\underline{\underline{4,4\ \text{m}}}$ vom Mastfußpunkt entfernt.

Bestimmung der Parameterbedingung für das Seil:

$$\overrightarrow{OF} = \begin{pmatrix} -21,71 \\ 8,57 \\ 2,57 \end{pmatrix} = \begin{pmatrix} -24 \\ 12 \\ 14 \end{pmatrix} + t\begin{pmatrix} 1 \\ -1,5 \\ -5 \end{pmatrix}$$

$$-21,71 = -24 + t$$

$$t = 2,29$$

Die Parameterbedingung für das Seil ist: $\underline{\underline{0 \le t \le 2,29}}$

Der Wert des Parameters t muss nur für eine Koordinate bestimmt werden, da der Punkt F bereits als Punkt der Geraden s bestimmt wurde.

1.6 $\binom{5}{3} = \underline{\underline{10\ \text{Möglichkeiten}}}$

1.7 X … Anzahl der Jungen, die den Abenteuerkurs vollständig durchlaufen
(X ist binomialverteilt mit n = 8, p = 0,8)
$E(X) = n \cdot p = 8 \cdot 0,8 = 6,4$

$$P(X \ge 7) = \sum_{k=7}^{8} \binom{8}{k} \cdot 0,8^k \cdot 0,2^{8-k}$$

$\underline{\underline{P(X \ge 7) = 0,5033}}$

Die Lösung wird mit einem geeigneten GTR-Programm bestimmt.

Y … Anzahl der Mädchen, die den Abenteuerkurs vollständig durchlaufen
(Y ist binomialverteilt mit p = 0,6)

$$P(Y \ge 1) = 1 - P(Y = 0) > 0,99$$

$$P(Y = 0) < 0,01$$

$$\binom{n}{0} \cdot 0,6^0 \cdot 0,4^n < 0,01$$

$$n > \frac{\ln 0,01}{\ln 0,4}$$

$$n > 5,03$$

$\Rightarrow$ Mindestens 6 Mädchen muss man auf den Abenteuerkurs schicken.

Grundkurs Mathematik (Sachsen): Musteraufgabe 2
Teil B – Aufgabe 2

Der symmetrische Giebel eines Barockhauses soll rekonstruiert werden. Der Giebel ist in der Abbildung in einem Koordinatensystem dargestellt. Eine für alle x ($x \in \mathbb{R}$) definierte, gerade, ganzrationale Funktion f beschreibt im entsprechenden Intervall den oberen Giebelrand. Die x-Achse ist Tangente an den Graphen der Funktion f in den Punkten $P_1(-4; 0)$ und $P_2(4; 0)$ (1 Einheit $\hat{=}$ 1 m). Die maximale Höhe des Giebels über der Dachkante (x-Achse) beträgt 4,0 m. (siehe Abbildung).

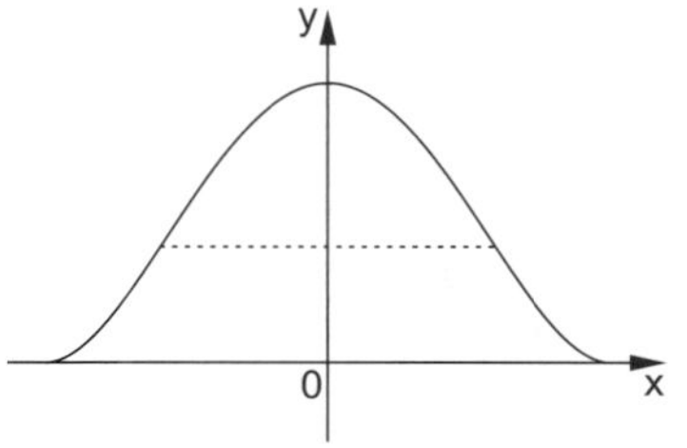

(Abbildung nicht maßstäblich)

2.1 Begründen Sie, dass die Funktion f eine Funktion mindestens 4. Grades sein muss.

Erreichbare BE-Anzahl: 1

2.2 Ermitteln Sie eine Gleichung der Funktion f.

Erreichbare BE-Anzahl: 2

2.3 Ein Architekt beschreibt einen solchen Giebelrand durch den Graphen der Funktion g mit

$$y = g(x) = \left(\frac{1}{8}x^2 - 2\right)^2 \quad (x \in \mathbb{R}).$$

Dieser Giebel soll durch eine waagerechte Linie in zwei flächengleiche Teile zerlegt werden. Während der untere Teil des Giebels mit Ornamenten verziert wird, ist beabsichtigt, im oberen Teil des Giebels Fenster anzubringen. Ermitteln Sie auf Dezimeter genau, bis zu welcher Höhe der Giebel mit Ornamenten versehen werden soll.

Erreichbare BE-Anzahl: 3

An der Vorderfront des Hauses sollen Sträucher gepflanzt werden, welche eine Höhe von 1 m nicht überschreiten sollen.
Die Höhenwachstumsrate dieser Sträucher wird durch die Funktion h mit $h(t) = 0{,}36 \cdot t \cdot e^{-0{,}72t}$ ($t \in \mathbb{R}$, $t \geq 0$) beschrieben.
Dabei ist t die Zeit seit Einpflanzen des Strauches in Monaten und h(t) die Höhenwachstumsrate in Meter pro Monat.

2.4 Untersuchen Sie die Funktion h auf Monotonie und interpretieren Sie die Aussagen.

Erreichbare BE-Anzahl: 2

Die Funktion W mit

$$W(t) = h_0 + \int_0^t h(x)dx$$

beschreibt die Wachstumsfunktion der Sträucher. h_0 ist die Strauchhöhe beim Einpflanzen in Meter.

2.5 Begründen Sie, dass die Funktion $H(t) = -\frac{1}{36}(18t + 25) \cdot e^{-0{,}72t}$ $(t \in \mathbb{R}, t \geq 0)$ eine Stammfunktion von h ist.
Der Strauch war beim Einpflanzen 30 cm hoch.
Ermitteln Sie die Strauchhöhe nach 3 Monaten.
Ermitteln Sie die maximale Strauchhöhe, mit der langfristig zu rechnen ist, und entscheiden Sie, ob diese Sträucher für die Bepflanzung geeignet sind.

Erreichbare BE-Anzahl: 4

2.6 Erläutern Sie Grenzen dieser Modellbildung.

Erreichbare BE-Anzahl: 1

Im hinteren Bereich soll an das Haus ein Gartenpavillon angebaut werden. Die nebenstehende Skizze veranschaulicht den Pavillon in einem kartesischen Koordinatensystem mit dem Koordinatenursprung O (1 Längeneinheit $\hat{=}$ 1 m). Die x-z-Ebene ist die gemeinsame Ebene zwischen Pavillon und Haus und der Eckpunkt H liegt in der y-z-Ebene. Die Seitenflächen AOSE und ODHS sind kongruent zueinander. Alle Seitenflächen des Pavillons stehen senkrecht zur x-y-Ebene (Grundflächenebene) und die kongruenten Seitenflächen ABFE und CDHG stehen senkrecht zur x-z- bzw. y-z-Koordinatenebene. Die Koordinaten folgender Punkte sind bekannt: E(7; 0; 6), B(7; 3; 0) und S(0; 0; 9).

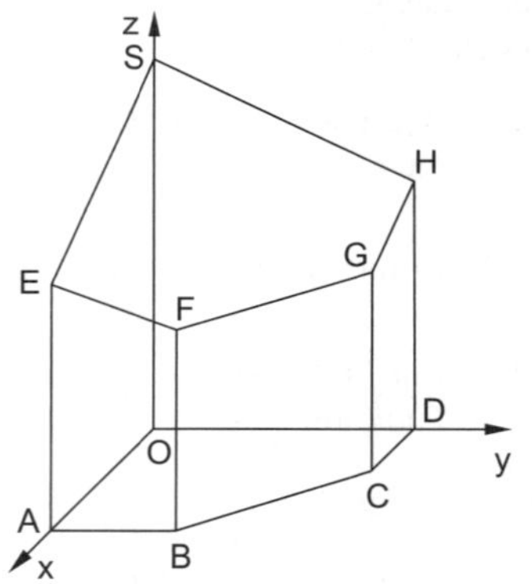

(Abbildung nicht maßstäblich)

2.7 Ermitteln Sie die Gleichung der Ebene E*, in der die Dachfläche liegt, in Koordinatenform und geben Sie die Größe der Dachneigung an.
Ermitteln Sie die Koordinaten der restlichen Eckpunkte des Pavillons.

Erreichbare BE-Anzahl: 3

2.8 Berechnen Sie den Inhalt der Dachfläche.

Erreichbare BE-Anzahl: 3

2.9 Zur Montage der Dachfläche soll diese durch einen Stützbalken, der im Koordinatenursprung verankert ist und senkrecht zur Dachfläche steht, gesichert werden. Berechnen Sie die Länge dieses Balkens.

Erreichbare BE-Anzahl: 2

Quellnachweis für Aufgabentext, Teilaufgabe 2.1 bis 2.3: Abiturprüfung 2001 Grundkurs Mathematik (Sachsen) Nachtermin, Wahlaufgabe D1 – Analysis

Tipps und Hinweise

Teilaufgabe 2.1

- Beachten Sie bei der Begründung, dass die Funktion mindestens drei waagerechte Tangenten hat und damit mindestens drei Stellen, an denen der Anstieg 0 ist.

Teilaufgabe 2.2

- Die allgemeine Form der Funktionsgleichung der Funktion f lautet aufgrund der Achsensymmetrie zur y-Achse: $f(x) = ax^4 + bx^2 + c$
- Nutzen Sie zur Erstellung einer Gleichung der Funktion f die Koordinaten des Scheitelpunktes und z. B. des Punktes P_1 sowie die Steigung in diesem Punkt.

Teilaufgabe 2.3

- Stellen Sie den Sachverhalt in einer Skizze dar und markieren Sie die beiden gleich großen Flächenstücke.
- Bestimmen Sie die Größe der Gesamtfläche.
- Drücken Sie eine der beiden Teilflächen (vorteilhaft ist der obere Teil des Giebels) durch ein geeignetes Integral aus. Die Fläche wird durch den Graphen der Funktion g und eine Waagerechte durch den Punkt P(c; g(c)) begrenzt.
- Bestimmen Sie den Wert für c und daraus die Höhe $h = g(c)$.
- Beachten Sie, dass aufgrund der Achsensymmetrie der Funktion g nur die Flächenstücke links oder rechts der y-Achse betrachtet werden müssen.

Teilaufgabe 2.4

- Bestimmen Sie die Ableitungsfunktion der Funktion h.
- Beachten Sie für die Monotonieuntersuchung:
  (1) wenn h monoton wachsend, dann $h'(t) > 0$ bzw.
  (2) wenn h monoton fallend, dann $h'(t) < 0$.

Teilaufgabe 2.5

- Zeigen Sie, dass gilt: $H'(t) = h(t)$
- Für die Berechnung der Strauchhöhe nach 3 Monaten berechnen Sie W(3) mit $h_0 = 0{,}3$ und $t = 3$.
- Die maximale Strauchhöhe ist der Grenzwert $\lim\limits_{t \to \infty} W(t)$.

Teilaufgabe 2.6

- Beachten Sie bei Ihrer Erläuterung, dass Modelle die Realität vereinfacht widerspiegeln.

Teilaufgabe 2.7

- Bestimmen Sie vor Erstellung der Ebenengleichung der Ebene E* die Koordinaten des Punktes H.
- Der Neigungswinkel der Dachfläche ist der Schnittwinkel zwischen Ebene E* und der x-y-Koordinatenebene.
- Die Koordinaten der Eckpunkte der Pavillongrundfläche bestimmen Sie unter Nutzung der Symmetriebedingungen.
- Die Koordinaten der Punkte F und G bestimmen Sie unter Beachtung ihrer senkrechten Lage über B bzw. C und unter Nutzung der Gleichung der Ebene E*.

Teilaufgabe 2.8

- Zerlegen Sie die Dachfläche in zwei Teilflächen, z. B. das gleichschenklige Dreieck EHS und das gleichschenklige Trapez EFGH.
- Berechnen Sie den Gesamtflächeninhalt als Summe der beiden Teilflächeninhalte.
- Die Höhen von Dreieck und Trapez können Sie u. a. mithilfe der Mittelpunkte der Strecken $\overline{EH}$ und $\overline{FG}$ bestimmen.

Teilaufgabe 2.9

- Der Stützbalken ist Teil der Lotgeraden der Ebene E* durch den Koordinatenursprung. Erstellen Sie eine Gleichung dieser Geraden.
- Bestimmen Sie den Durchstoßpunkt S dieser Geraden durch die Ebene E*.
- Die Länge des Balkens ist der Abstand des Punktes S zum Koordinatenursprung.

Lösungen

2.1 Da diese Funktion mindestens drei Stellen mit dem Anstieg 0 hat, muss die 1. Ableitung mindestens drei Nullstellen haben, d. h. die 1. Ableitungsfunktion muss mindestens 3. Grades und damit die Funktion f mindestens 4. Grades sein.

2.2 Ermitteln der Gleichung von f:

$f(x) = ax^4 + bx^3 + cx^2 + dx + e$

Funktion ist (1) gerade, d. h. $f(x) = f(-x)$

also $b = d = 0$ $\Rightarrow$ $f(x) = ax^4 + cx^2 + e$

$f'(x) = 4ax^3 + 2cx$

Weiterhin gilt:

(2) $x_{N_1} = -4$ und $x_{N_2} = 4$ $\Rightarrow$ $f(-4) = f(4) = 0 = 256a + 16c + e$

(3) x-Achse ist Tangente in P_1 und P_2 $\Rightarrow$ $f'(4) = 0 = 256a + 8c$

(4) $S_y(0; 4)$ $\Rightarrow$ $f(0) = \underline{4 = e}$

(I) $0 = 256a + 16c + 4$

(II) $0 = 256a + 8c$

Ermitteln der Lösung mittels GTR:

$a = \frac{1}{64}$

$c = -\frac{1}{2}$

Funktionsgleichung: $\underline{\underline{f(x) = \frac{1}{64}x^4 - \frac{1}{2}x^2 + 4}}$

2.3 Da der Giebelrand durch einen Funktionsgraphen beschrieben wird, welcher symmetrisch zur y-Achse ist, betrachtet man zur Vereinfachung nur den linken oder rechten Teil des Graphen.

Skizze:

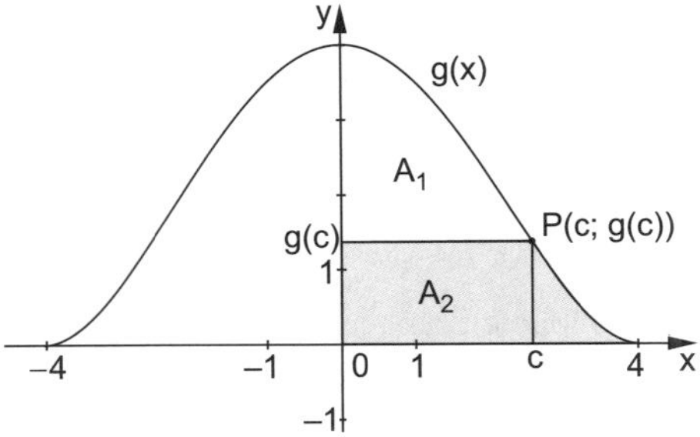

Es gilt:

$A_1 = A_2 = \frac{1}{2}A$

$$A = \int_0^4 g(x)dx$$

$$A = \int_0^4 \left(\frac{1}{64}x^4 - \frac{1}{2}x^2 + 4\right)dx$$

$$A = \left[\frac{1}{320}x^5 - \frac{1}{6}x^3 + 4x\right]_0^4$$

(letzte zwei Zeilen:) Für das „Ermitteln“ nicht notwendig.

$$A = 8\frac{8}{15} \approx 8{,}5\overline{3}$$

$$A_1 = \frac{1}{2}A = 4\frac{4}{15} = \int_0^c [g(x) - g(c)]dx$$

$$4\frac{4}{15} = \int_0^c \left[\frac{1}{64}x^4 - \frac{1}{2}x^2 + 4 - \left(\frac{1}{64}c^4 - \frac{1}{2}c^2 + 4\right)\right]dx$$

$$4\frac{4}{15} = \left[\frac{1}{320}x^5 - \frac{1}{6}x^3 + 4x - \left(\frac{1}{64}c^4 - \frac{1}{2}c^2 + 4\right)x\right]_0^c$$

$$4\frac{4}{15} = -\frac{4}{320}c^5 + \frac{1}{3}c^3$$

$c \approx 2{,}57$ (Lösung mittels GTR bestimmen, z. B. im GRAPH-MENÜ den Graphen der Funktion $f(x) = -\frac{4}{320}x^5 + \frac{1}{3}x^3$ zeichnen und den x-Wert für $y = 4\frac{4}{15}$ anzeigen lassen)

$\underline{\underline{h = g(c) \approx 1{,}4}}$

Bis zu einer Höhe von $\underline{\underline{1{,}4\text{ m}}}$ soll der Giebel mit Ornamenten versehen werden.

Es ist zu beachten, dass für c gilt: $0 < c < 4$

2.4 $h(t) = 0{,}36 \cdot t \cdot e^{-0{,}72t}$

$h'(t) = 0{,}36e^{-0{,}72t} + 0{,}36t \cdot (-0{,}72 \cdot e^{-0{,}72t})$

$h'(t) = 0{,}36e^{-0{,}72t} \cdot (1 - 0{,}72t)$

$h'(t) = \underbrace{0{,}36e^{-0{,}72t}}_{\text{stets} > 0} \cdot (1 - 0{,}72t) > 0$

wenn $1 - 0{,}72t > 0$

$t < 1{,}4$

Für $t < 1{,}4$ ist die Funktion h monoton steigend, d. h. ca. 1,4 Monate lang nimmt die Zuwachsrate zu. Danach nimmt sie ab, denn für $t > 1{,}4$ ist die Funktion h monoton fallend.

2.5 $W(t) = h_0 + \int_0^t h(x)dx$

H ist Stammfunktion von h, wenn gilt: $H'(t) = h(t)$

$$H'(t) = -\frac{1}{2} \cdot e^{-0,72t} - \frac{1}{36}(18t + 25) \cdot e^{-0,72t} \cdot (-0,72)$$

$$H'(t) = -\frac{1}{2}e^{-0,72t} + 0,36te^{-0,72t} + \frac{1}{2}e^{-0,72t}$$

$\underline{\underline{H'(t) = 0,36 \cdot t \cdot e^{-0,72t} = h(t)}} \Rightarrow$ Aussage bestätigt

$$W(t) = 0,3 + \int_0^t h(x)dx$$

$$W(t) = 0,3 + \left[-\frac{1}{36}(18x + 25) \cdot e^{-0,72x} \right]_0^t$$

$$W(t) = 0,3 + \left[-\frac{1}{36}(18t + 25) \cdot e^{-0,72t} + \frac{25}{36} \right]$$

$W(3) \approx 0,74$

Nach 3 Monaten ist der Strauch $\underline{\underline{\text{ca. } 0,74 \text{ m}}}$ hoch.

$$\lim_{t \to \infty} W(t) = 0,3 + \frac{25}{36} \approx \underline{\underline{0,99}}$$

Langfristig ist nach diesem Modell eine maximale Strauchhöhe von $\underline{\underline{0,99 \text{ m}}}$ zu erwarten. Die Sträucher sind somit für die Bepflanzung geeignet.

Die Berechnung des Wertes von W(3) kann auch mit dem GTR erfolgen; für die Grenzwertbestimmung ist dagegen die integralfreie Schreibweise von W(t) erforderlich.

2.6 Grenzen der Modellbildung sind z. B.:

1. Es wird eine Aussage über das mittlere Pflanzenwachstum gemacht. Es ist allerdings keine Aussage über das Wachstum einzelner Pflanzen möglich.
2. Dem Modell liegen definierte Wachstumsbedingungen zugrunde. Abweichende Wachstumsbedingungen können aber das Pflanzenwachstum verändern.

2.7 Skizze:

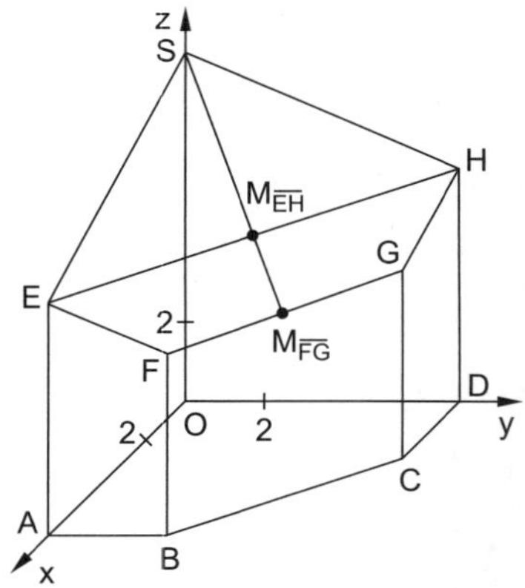

Ebene der Dachfläche:

H(0; 7; 6) (AOSE ≅ ODHS)

E*: $\vec{x} = \overrightarrow{OS} + r \cdot \overrightarrow{SE} + s \cdot \overrightarrow{SH}$ (r, s ∈ ℝ)

$$\vec{x} = \begin{pmatrix} 0 \\ 0 \\ 9 \end{pmatrix} + r \begin{pmatrix} 7 \\ 0 \\ -3 \end{pmatrix} + s \begin{pmatrix} 0 \\ 7 \\ -3 \end{pmatrix}$$

in Koordinatenform: E*: $\underline{\underline{3x + 3y + 7z = 63}}$

Die Umwandlung erfolgt mit einem geeigneten GTR-Programm.

Dachneigung: $\underline{\underline{\alpha \approx 31{,}2°}}$ (mittels GTR)

Die Dachfläche ist gegenüber der Horizontalen um $\underline{\underline{\text{ca. } 31°}}$ geneigt.

Restliche Eckpunkte: A(7; 0; 0)
C(3; 7; 0) (AOSE ≅ ODHS und ABFE ≅ CDHG)
D(0; 7; 0)

F liegt in E* und senkrecht über B:

$3 \cdot 7 + 3 \cdot 3 + 7z = 63$

$$z = \frac{33}{7} \quad \Rightarrow \quad F\left(7; 3; \tfrac{33}{7}\right)$$

$$G\left(3; 7; \tfrac{33}{7}\right) \quad \text{(ABFE ≅ CDHG)}$$

2.8 Die Dachfläche setzt sich zusammen aus:
A_1 … Fläche des gleichschenkligen Dreiecks EHS
und
A_2 … Fläche des gleichschenkligen Trapezes EFGH

$$A_1 = \frac{1}{2} \cdot |\overrightarrow{SE} \times \overrightarrow{SH}| \qquad \text{mit} \quad \overrightarrow{SE} = \begin{pmatrix} 7 \\ 0 \\ -3 \end{pmatrix} \text{ und } \overrightarrow{SH} = \begin{pmatrix} 0 \\ 7 \\ -3 \end{pmatrix}$$

$$\text{folgt } \overrightarrow{SE} \times \overrightarrow{SH} = \begin{pmatrix} 21 \\ 21 \\ 49 \end{pmatrix}$$

also

$$A_1 = \frac{1}{2} \left| \begin{pmatrix} 21 \\ 21 \\ 49 \end{pmatrix} \right|$$

$$A_1 = \frac{1}{2} \cdot \sqrt{3\,283}$$

$$\underline{A_1 \approx 28{,}65}$$

$$A_2 = \frac{1}{2}\left(|\overrightarrow{EH}| + |\overrightarrow{FG}|\right) \cdot |\overrightarrow{M_{\overline{EH}}M_{\overline{FG}}}| \qquad \text{siehe Skizze bei 2.7}$$

mit $M_{\overline{EH}}(3{,}5;\, 3{,}5;\, 6)$ und $M_{\overline{FG}}\left(5;\, 5;\, \frac{33}{7}\right)$

$$\text{folgt } \overrightarrow{M_{\overline{EH}}M_{\overline{FG}}} = \begin{pmatrix} 1{,}5 \\ 1{,}5 \\ -\frac{9}{7} \end{pmatrix} \Rightarrow |\overrightarrow{M_{\overline{EH}}M_{\overline{FG}}}| \approx 2{,}48$$

$$\text{weiterhin gilt:} \quad \overrightarrow{EH} = \begin{pmatrix} -7 \\ 7 \\ 0 \end{pmatrix} \Rightarrow |\overrightarrow{EH}| = \sqrt{98}$$

$$\overrightarrow{FG} = \begin{pmatrix} -4 \\ 4 \\ 0 \end{pmatrix} \Rightarrow |\overrightarrow{FG}| = \sqrt{32}$$

also

$$A_2 = \frac{1}{2}(\sqrt{98} + \sqrt{32}) \cdot 2{,}48$$

$$\underline{A_2 \approx 19{,}29}$$

$$A = A_1 + A_2 \approx \underline{\underline{47{,}94}}$$

Die Dachfläche hat einen Inhalt von $\underline{\underline{\text{ca. } 48\ \text{m}^2}}$.

2.9 Gerade g (beschreibt die Lage des Stützbalkens):

$g\colon\ \vec{x} = \overrightarrow{OO} + t \cdot \vec{n}_{E*}\ \ (t \in \mathbb{R})$

$g\colon\ \vec{x} = t\begin{pmatrix}3\\3\\7\end{pmatrix}$ mit $\vec{n}_{E*} = \begin{pmatrix}3\\3\\7\end{pmatrix}$ aus 2.7

g in E*:

$$3 \cdot 3t + 3 \cdot 3t + 7 \cdot 7t = 63$$

$$t = \frac{63}{67}$$

t in g:

$D_{E*}\left(\frac{189}{67}; \frac{189}{67}; \frac{441}{67}\right) \Rightarrow \left|\overrightarrow{OD_{E*}}\right| \approx \underline{\underline{7{,}7}}$

Der Stützbalken ist $\underline{\underline{\text{ca. 7,7 m}}}$ lang.

Der ausführliche Lösungsweg ist nicht notwendig. Durch den Einsatz geeigneter GTR-Programme wird die Lösung wesentlich kürzer.

Grundkurs Mathematik (Sachsen): Musteraufgabe 3
Teil A (ohne Rechenhilfsmittel)

1 In den Aufgaben 1.1 bis 1.4 ist von den jeweils fünf Auswahlmöglichkeiten genau eine Antwort richtig. Kreuzen Sie das jeweilige Feld an.

1.1 Die Tangente an den Graphen einer ganzrationalen Funktion besitzt an der Stelle $x=-3$ den Anstieg $-\frac{7}{3}$. Jede Senkrechte zu dieser Tangente hat die Steigung

☐	☐	☐	☒	☐
$-\frac{1}{3}$	$-\frac{3}{7}$	$\frac{7}{3}$	$\frac{3}{7}$	$\frac{1}{3}$

1.2 Welche der angegebenen Funktionen ist eine Stammfunktion der Funktion g mit $g(x)=-\frac{2}{x}$ $(x \in D_g)$ im größtmöglichen Definitionsbereich?

☐ $G(x)=-2\cdot\ln x$

☐ $G(x)=-\frac{2}{x^2}$

☒ $G(x)=-2\cdot\ln|x|$

☐ $G(x)=2\cdot\ln|x|$

☐ $G(x)=\frac{2}{x^2}$

1.3 Die Geraden g und h mit

$$g\colon \vec{x}=\begin{pmatrix}0\\8\\0\end{pmatrix}+s\cdot\begin{pmatrix}-2\\-2\\3\end{pmatrix}\ (s\in\mathbb{R}) \text{ und } h\colon \vec{x}=\begin{pmatrix}-6\\6\\3\end{pmatrix}+t\cdot\begin{pmatrix}2\\-2\\3\end{pmatrix}\ (t\in\mathbb{R})$$

☐	☐	☒	☐	☐
verlaufen parallel	schneiden sich senkrecht	schneiden sich nicht senkrecht	verlaufen windschief	sind identisch

1.4 Ein reguläres Tetraeder beschriftet mit den Zahlen 1 bis 4 wird genau zweimal geworfen. Die unten liegende Zahl gilt als geworfen.
Die Wahrscheinlichkeit für „Es wurde mindestens einmal die 3 geworfen" beträgt

☐	☐	☐	☐	☐
$\frac{7}{16}$	$\frac{4}{16}$	$\frac{12}{16}$	$\frac{9}{16}$	$\frac{1}{16}$

Erreichbare BE-Anzahl: 4

2 Skizzieren Sie zum vorgegebenen Graphen einer Funktion m in dasselbe Koordinatensystem den Graphen der zugehörigen Ableitungsfunktion m' im dargestellten Intervall.
Begründen Sie den Verlauf des Graphen der Ableitungsfunktion an markanten Stellen.

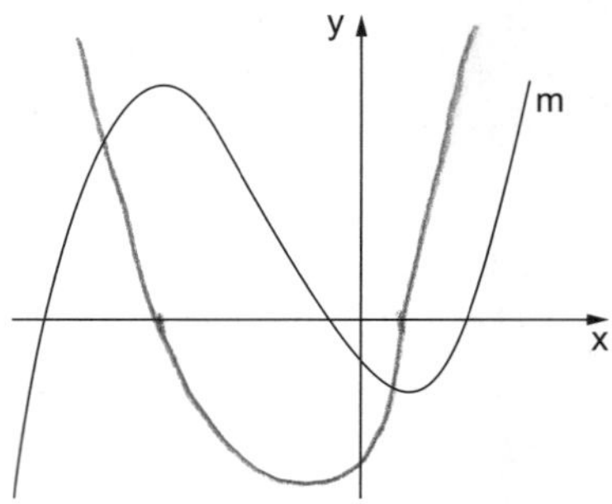

Begründung:

Bei Wendepunkt = Extremstelle von m'

Bei Extremstelle = Nullstelle von m'

Erreichbare BE-Anzahl: 4

3 Peter hat in einem Computer-Algebra-System (CAS) die Funktion a mit $a(r, h) = \pi \cdot r^2 \cdot h$ definiert.
Welcher mathematische Sachverhalt wird durch die Funktion a beschrieben?
Geben Sie an, welchen Wert das CAS nach Auswertung der Eingabe $\frac{1}{3} \cdot a(5, 6)$ ausgibt, und geben Sie die Bedeutung dieses Wertes an.

Erreichbare BE-Anzahl: 3

4 Auf einer Spindel befinden sich genau acht CD-Rohlinge, von denen genau zwei unbrauchbar sind. Der Spindel werden nacheinander genau zwei Rohlinge ohne Zurücklegen entnommen.
Berechnen Sie, mit welcher Wahrscheinlichkeit beide Rohlinge brauchbar sind.
Ermitteln Sie, wie viele Rohlinge man im Mittel der Spindel entnehmen muss, bis man einen brauchbaren gefunden hat.

Erreichbare BE-Anzahl: 4

Tipps und Hinweise

Teilaufgabe 1.1

- Für den Anstieg zueinander senkrechter Geraden g und h gilt:
  $m_g \cdot m_h = -1$ bzw. $m_g = -\frac{1}{m_h}$

Teilaufgabe 1.2

- Bringen Sie die Funktionsgleichung auf die Form $g(x) = -2 \cdot \frac{1}{x}$.
- Beachten Sie, dass die Stammfunktion F der Funktion f mit der Gleichung $f(x) = \frac{1}{x}$ die Gleichung $F(x) = \ln|x|$ besitzt.

Teilaufgabe 1.3

- Untersuchen Sie im ersten Schritt die Lagebeziehung der beiden Geraden.
- Sollten Sie einen Schnittpunkt ermitteln, dann müssen Sie noch prüfen, ob die beiden Richtungsvektoren der Geraden g und h senkrecht zueinander verlaufen.
  Nutzen Sie dazu folgende Beziehung: $g \perp h \quad \Rightarrow \quad \vec{a}_g \circ \vec{a}_h = 0$

Teilaufgabe 1.4

- Veranschaulichen Sie sich den Zufallsversuch in einem vereinfachten Baumdiagramm.
- Wenden Sie zur Berechnung der Wahrscheinlichkeit die Pfadregeln an.

Teilaufgabe 2

- Nutzen Sie zum Skizzieren und zur Begründung u. a. folgende Zusammenhänge:
  - zwischen Extremstelle der Funktion m und Nullstelle der Ableitungsfunktion m',
  - zwischen Wendestelle der Funktion m und Extremstelle der Funktion m',
  - zwischen Anstieg der Funktion m und den Funktionswerten der Funktion m'.

Teilaufgabe 3

- Den gesuchten Wert bestimmen Sie, indem Sie in der Formel $r = 5$ und $h = 6$ einsetzen und den erhaltenen Wert durch 3 teilen. Geben Sie den Wert als Vielfaches von π an.

Teilaufgabe 4

- Veranschaulichen Sie sich den ersten Zufallsversuch in einem vereinfachten Baumdiagramm. Es interessiert nur der Pfad „zwei Rohlinge brauchbar“.
- Veranschaulichen Sie sich den zweiten Zufallsversuch in einem Baumdiagramm. Beachten Sie, dass der Versuch jeweils beendet ist, wenn ein brauchbarer Rohling entnommen wurde.
- Erstellen Sie eine Verteilungstabelle für die Zufallsgröße
  X … Anzahl der gezogenen Rohlinge bis zur Entnahme eines brauchbaren.
- Der Erwartungswert der Zufallsgröße X ist der gesuchte Wert.

Lösungen

1 *Vorbemerkung:* Als Lösung ist nur das Kreuz im jeweils richtigen Feld verlangt; im Folgenden sind zusätzlich Rechnungen und Begründungen für die richtige Antwort angegeben.

1.1 Richtige Antwort: Kreuz in Feld 4

Zwei Geraden g und h sind senkrecht zueinander, wenn für ihre Anstiege m gilt:

$$m_g = -\frac{1}{m_h} \quad \text{bzw.} \quad m_g \cdot m_h = -1$$

Anstieg der Tangente t: $m_t = -\frac{7}{3}$

Anstieg der Senkrechten s: $m_s = -\frac{1}{m_t} = \frac{3}{7}$

1.2 Richtige Antwort: Kreuz in Feld 3

$$g(x) = -\frac{2}{x} = -2 \cdot \frac{1}{x}$$

$$G(x) = -2 \cdot \ln|x|$$

1.3 Richtige Antwort: Kreuz in Feld 3

$$g\colon\ \vec{x} = \begin{pmatrix} 0 \\ 8 \\ 0 \end{pmatrix} + s \underbrace{\begin{pmatrix} -2 \\ -2 \\ 3 \end{pmatrix}}_{\vec{a}} \qquad h\colon\ \vec{x} = \begin{pmatrix} -6 \\ 6 \\ 3 \end{pmatrix} + t \underbrace{\begin{pmatrix} 2 \\ -2 \\ 3 \end{pmatrix}}_{\vec{b}}$$

$$\vec{a} = r \cdot \vec{b}$$

$$\left.\begin{array}{rcl} -2 = 2r & \Rightarrow & r_1 = -1 \\ -2 = -2r & \Rightarrow & r_2 = 1 \\ 3 = 3r & \Rightarrow & r_3 = 1 \end{array}\right\} \; r_2 = r_3 \neq r_1 \;\Rightarrow\; \vec{a} \nparallel \vec{b}$$

$\Rightarrow$ g schneidet h oder g windschief zu h

$$g = h$$

$$\begin{array}{lrcl} \text{I} & -2s &=& -6 + 2t \\ \text{II} & 8 - 2s &=& 6 - 2t \\ \text{III} & 3s &=& 3 + 3t \\ \hline & 8 - 4s &=& 0 \\ & s &=& 2 \end{array}$$

in III $3 \cdot 2 = 3 + 3t$

$t = 1 \quad \Rightarrow \quad S(-4; 4; 6)$

Damit ist gezeigt, dass sich g und h schneiden. Die Geraden g und h schneiden sich senkrecht, wenn $\vec{a} \circ \vec{b} = 0$ gilt.

$$\begin{pmatrix} -2 \\ -2 \\ 3 \end{pmatrix} \circ \begin{pmatrix} 2 \\ -2 \\ 3 \end{pmatrix} = -4 + 4 + 9 = 9 \neq 0$$

1.4 Richtige Antwort: Kreuz in Feld 1

Baumdiagramm:

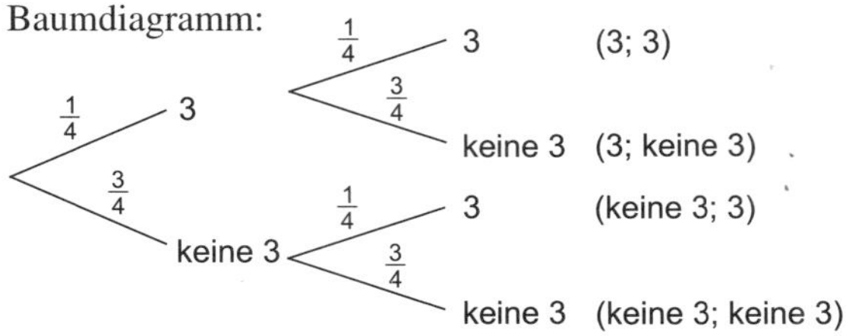

$$p=\frac{1}{4}\cdot\frac{1}{4}+\frac{1}{4}\cdot\frac{3}{4}+\frac{3}{4}\cdot\frac{1}{4}=1-\frac{3}{4}\cdot\frac{3}{4}=\frac{7}{16}$$

2 Die Extremstellen der Funktion m sind die Nullstellen der Funktion m'. Die Wendestelle der Funktion m ist die Extremstelle der Funktion m'.
In dem Intervall, in dem die Funktion m monoton wachsend ist, sind die Funktionswerte der Ableitungsfunktion m' positiv.
In dem Intervall, in dem die Funktion m monoton fallend ist, sind die Werte der Ableitungsfunktion m' negativ.

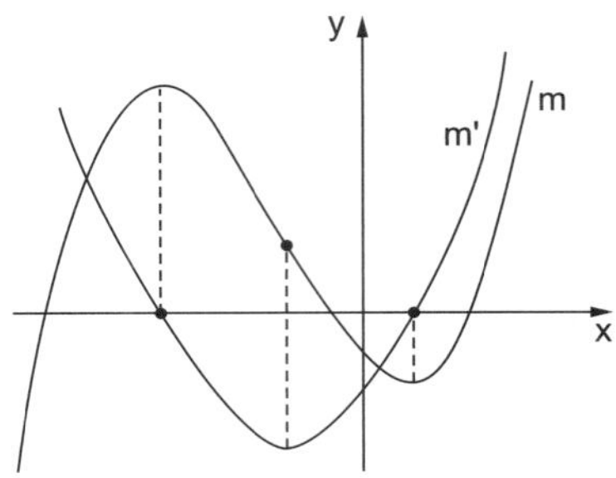

Der Kurvenverlauf von m' ist nur durch die Nullstellen und die Extremstelle festgelegt. Der Extremwert und weitere Funktionswerte sind nicht bestimmbar.

3 Die Funktion a beschreibt das Volumen eines Kreiszylinders.
Das CAS gibt den Wert 50π aus. Dieser Wert charakterisiert das Volumen eines Kreiskegels mit dem Radius $r=5$ und der Höhe $h=6$.

4 $P(\text{Rohling brauchbar})=\frac{6}{8}=\frac{3}{4}$

Baumdiagramm:

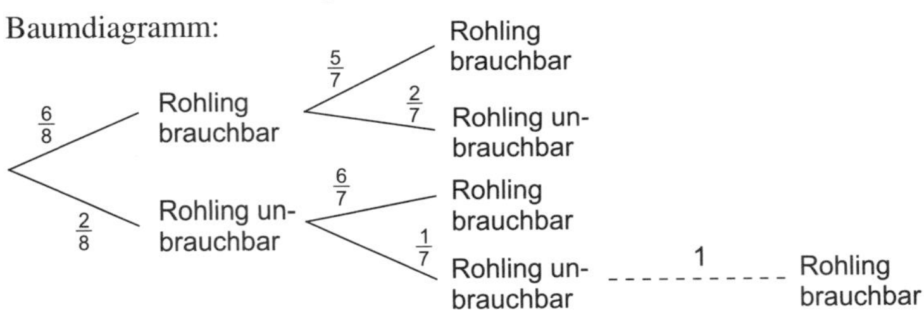

A … beide Rohlinge brauchbar

$$P(A)=\frac{6}{8}\cdot\frac{5}{7}=\frac{15}{28}$$

X … Anzahl der gezogenen Rohlinge bis zur Entnahme eines brauchbaren

x_i	1	2	3
$P(X=x_i)$	$\frac{6}{8}=\frac{3}{4}$	$\frac{2}{8}\cdot\frac{6}{7}=\frac{3}{14}$	$\frac{2}{8}\cdot\frac{1}{7}\cdot 1=\frac{1}{28}$

$$E(X)=1\cdot\frac{3}{4}+2\cdot\frac{3}{14}+3\cdot\frac{1}{28}=\underline{\underline{\frac{9}{7}}}$$

Im Mittel sind der Spindel $\frac{9}{7}$ Rohlinge zu entnehmen.

Grundkurs Mathematik (Sachsen): Musteraufgabe 3
Teil B – Aufgabe 1

Jeden Winter zieht es viele Wintersportfreunde mit Ski und Snowboard an die kleinen und großen Skihänge der Wintersportgebiete im Erzgebirge.

Ein Teil des Graphen der Funktion f mit $f(x) = e^{\frac{1}{6} \cdot x - 2} \cdot \left(\frac{7}{2} - \frac{1}{8} \cdot x\right) + 5 \quad (x \in D_f)$ kann zur Beschreibung der Profillinie einer Skipiste zwischen den Punkten A und B(0; f(0)) verwendet werden. Die Funktionswerte geben die jeweilige Höhe über dem Meeresspiegel an. Der Punkt A auf dem Graphen der Funktion f liegt so, dass seine y-Koordinate der größtmöglichen Höhe über dem Meeresspiegel entspricht. Eine Einheit entspricht 100 m.

1.1 Ermitteln Sie die Koordinaten der Punkte A und B.
Geben Sie den Definitionsbereich der Funktion f so an, dass nur der Verlauf der Profillinie der Skipiste beschrieben wird.
Geben Sie die Höhendifferenz der Skipiste an.

Erreichbare BE-Anzahl: 5

1.2 Ein Skifahrer fährt entlang der Profillinie der Skipiste vom Punkt A zum Punkt B.
Beschreiben Sie den Verlauf des Anstieges der Skipiste auf dieser Fahrt.
Bestimmen Sie die durchschnittliche Hangneigung der Profillinie zwischen den Punkten A und B in Prozent.

Hinweis: Eine Hangneigung von z. B. 40 % bedeutet, dass bei einer horizontalen Entfernung von 100 m ein Höhenunterschied von 40 m existiert.

Zur Charakterisierung von Skipisten nutzt man nicht die durchschnittliche, sondern die maximale Hangneigung.
Begründen Sie, dass dieses Vorgehen sinnvoll ist.
Entsprechend der maximalen Neigung eines Hanges unterscheidet man drei Schwierigkeitsgrade von Skipisten:

blau:	leicht (für Anfänger geeignet) mit einer maximalen Neigung unter 25 %
rot:	mittelschwer mit einer maximalen Neigung von 25 % bis 40 %
schwarz:	anspruchsvoll (nur für Könner) mit einer maximalen Neigung über 40 %

Ermitteln Sie den Schwierigkeitsgrad der Skipiste zwischen den Punkten A und B.

Erreichbare BE-Anzahl: 8

Teilaufgabe 1.3 mit CAS

1.3 Für ein Computerprogramm soll die Profillinie der Skipiste durch die Funktion $f_{a;\,b}$ mit

$$f_{a;\,b}(x) = e^{\frac{1}{6}\cdot x - 2} \cdot \left(\frac{7}{2} - a \cdot x\right) + b \quad (a, b \in \mathbb{R}, a, b > 0;\ x \in D_{f_{a;\,b}})$$

simuliert werden.

Die Funktionswerte geben die jeweilige Höhe über dem Meeresspiegel an. Die Profillinie der Skipiste liegt zwischen den Punkten $P_{a;\,b}$ und $Q_{a;\,b}\,(0;\ f_{a;\,b}\,(0))$. Der Punkt $P_{a;\,b}$ ist der lokale Extrempunkt der Funktion $f_{a;\,b}$. Eine Einheit entspricht 100 m.

Erläutern Sie, welche Bedeutung der Parameter b bei der Simulation der Skipiste besitzt.

Ermitteln Sie die Werte der Parameter a und b so, dass die Bedingungen I und II erfüllt sind.

I Der Punkt $Q_{a;\,b}$ liegt genau 300 m über dem Meeresspiegel.

II Die Abszisse des Punktes, in dem die Profillinie die maximale Neigung besitzt, beträgt 200 m.

Erreichbare BE-Anzahl: 6

Teilaufgabe 1.3 ohne CAS

1.3 Für ein Computerprogramm soll die Profillinie der Skipiste zwischen den Punkten A und B durch eine ganzrationale Funktion g angenähert werden.

Zwischen den Punkten A und B liegt auf der Profillinie ein Punkt, in dem die Neigung des Hanges maximal ist.

Welchen Grad muss die Funktion g mindestens haben? Begründen Sie Ihre Antwort.

Ermitteln Sie eine Gleichung der Funktion g.

Geben Sie im angegebenen Bereich die größtmögliche Differenz in den Höhen über dem Meeresspiegel zwischen der Funktion f und der Näherungsfunktion g an.

Erreichbare BE-Anzahl: 6

1.4 In einem viel besuchten Skigebiet gibt es einen Vierer-Sessel-Lift, der zu 72 % von Skifahrern genutzt wird. Der Rest sind Snowboarder. Jeder Vierer-Sessel sei voll besetzt.

Ermitteln Sie die Wahrscheinlichkeiten folgender Ereignisse.

Ereignis A: Auf einem Vierer-Sessel fahren genau drei Skifahrer.

Ereignis B: Auf einem Vierer-Sessel fahren höchstens zwei Snowboarder.

Geben Sie an, wie viele Snowboarder man durchschnittlich auf 20 Vierer-Sesseln beobachten kann.

Erreichbare BE-Anzahl: 4

Tipps und Hinweise

Teilaufgabe 1.1

- Beachten Sie, dass Punkt A der Maximumpunkt des Graphen der Funktion f ist und Punkt B der Schnittpunkt des Graphen der Funktion f mit der y-Achse.
- Der Definitionsbereich ist das abgeschlossene Intervall, welches durch die x-Koordinaten der Punkte A und B begrenzt wird.
- Die Höhendifferenz in Meter ist die Differenz der Funktionswerte beider Punkte multipliziert mit 100, denn eine Einheit entspricht 100 m.

Teilaufgabe 1.2

- Nutzen Sie zur Beschreibung des Anstiegs Ihre grafische Abbildung im GTR und geben Sie auch markante Steigungen, z. B. in den Punkten A und B, an.
- Zur Bestimmung der durchschnittlichen Hangneigung m verwenden Sie den Differenzenquotienten $m = \frac{\Delta y}{\Delta x} = \frac{y_A - y_B}{x_A - x_B}$.
- Beachten Sie, dass die Hangneigung im Wendepunkt maximal ist. Bestimmen Sie die Wendestelle und damit die Steigung im Wendepunkt.
- Leiten Sie daraus die Schwierigkeit der Skipiste ab.

Teilaufgabe 1.3 mit CAS

- Um den Einfluss des Parameters b zu erkennen, können Sie sich z. B. Funktionen mit unterschiedlichen Werten für b mittels CAS darstellen lassen und diese miteinander vergleichen.
- Zur Bestimmung der Parameterwerte speichern Sie im ersten Schritt den Funktionsterm ab.
- Für Bedingung I lösen Sie die Gleichung $f_{a;\,b}(0) = 3$.
- Für Bedingung II ist zu beachten, dass die Profillinie die maximale Neigung im Wendepunkt besitzt. Die Wendestelle der Funktion ist $x_W = 2$.
  Wählen Sie z. B. folgende Vorgehensweise:
  - Bestimmen der 2. Ableitung der Funktion $f_{a;\,b}$,
  - Lösen der Gleichung $f''_{a;\,b}(x) = 0$ liefert die Wendestelle x_W,
  - Lösen der Gleichung $x_W = 2$.

Teilaufgabe 1.3 ohne CAS

- Zur Angabe des Funktionsgrades müssen Sie beachten, dass die Funktion eine Wendestelle besitzen muss, d. h. es muss eine Funktion sein, für welche die notwendige und die hinreichende Wendepunktbedingung erfüllt sind.
- Nutzen Sie zum Erstellen der Gleichung der Funktion g die allgemeine Form einer Funktion 3. Grades $g(x) = ax^3 + bx^2 + cx + d$.
- Bestimmen Sie die Parameterwerte unter Nutzung der Punkte A, B und des Wendepunktes.

Die maximale Differenz der Höhen ermitteln Sie unter Nutzung des GTR. Geben Sie die Funktionsgleichung der Höhendifferenz in das GRAPH-Menü ein und lassen Sie sich die Koordinaten des Maximumpunktes anzeigen.

Teilaufgabe 1.4

Wählen Sie für die Wahrscheinlichkeiten der Ereignisse A und B eine geeignete Zufallsgröße X, z. B. „Anzahl der Skifahrer je Vierer-Sessel". Diese Zufallsgröße X ist binomialverteilt mit den Parametern $n=4$ und $p=0{,}72$.

Berechnen Sie den Erwartungswert für die Zufallsgröße
Y … Anzahl der Snowboarder auf 20 Vierer-Sesseln
mit der Formel $E(Y)=n \cdot p \cdot 20$.

Diese Zufallsgröße Y ist binomialverteilt mit den Parametern $n=4$ und $p=0{,}28$.

Lösungen

1.1 Punkt A ist Extrempunkt (Maximumpunkt) des Graphen der Funktion f. Mittels GTR ergibt sich $\underline{\underline{A(22;9)}}$.

Punkt B: $f(0)=e^{-2} \cdot \frac{7}{2}+5 \approx 5{,}5$

$\underline{\underline{B(0;5{,}5)}}$

Punkt B kann ebenfalls mit dem GTR bestimmt werden.

Definitionsbereich: $D_f=\{x \mid x \in \mathbb{R},\ 0 \le x \le 22\}$

Höhendifferenz: $h=y_A-y_B=\underline{\underline{3{,}5}}$ (1 Einheit $\hat{=}$ 100 m)

Die Höhendifferenz beträgt $\underline{\underline{350\text{ m}}}$.

1.2 Der Anstieg der Skipiste nimmt vom Punkt A (Anstieg 0) bis zum Punkt W(16; 7,9) zu. Im Punkt W (Wendepunkt des Graphen der Funktion f) ist der Anstieg der Skipiste maximal. Dann wird die Skipiste wieder flacher, der Anstieg wird wieder kleiner und beträgt im Punkt B $0{,}062 \hat{=} 6{,}2\ \%$ Hangneigung.

Die Untersuchung des Anstieges erfolgt z. B. im GRAPH-Menü mittels TRACE.

Durchschnittliche Hangneigung zwischen A und B:

$$m=\frac{\Delta y}{\Delta x}=\frac{3{,}5}{22} \approx \underline{\underline{0{,}159 \approx 15{,}9\ \%}}$$

Die durchschnittliche Hangneigung beträgt ca. $\underline{\underline{15{,}9\ \%}}$.

Die Charakterisierung der Skipiste mittels der maximalen Hangneigung ist sinnvoll, da die Steilheit in einzelnen Pistenpunkten viel höher ist, als es die durchschnittliche Hangneigung ausdrückt. Der Durchschnittswert der Hangneigung würde eine Fehleinschätzung des Schwierigkeitsgrades der Skipiste verursachen, die für einzelne Skifahrer eine große Unfallgefahr bedeuten würde.

Die maximale Hangneigung hat die Skipiste im Wendepunkt W.

Lösungsweg 1:
Finden der Lösung mittels GTR – GRAPH-Menü – TRACE
W(16; 7,9) $m_W \approx 0{,}243$

Lösungsweg 2:

$$f'(x) = e^{\frac{1}{6}x-2}\left(\frac{11}{24}-\frac{1}{48}x\right)$$

$$f''(x) = e^{\frac{1}{6}x-2}\left(\frac{1}{18}-\frac{1}{288}x\right)$$

$$f''(x_W) = 0 = \underbrace{e^{\frac{1}{6}x_W-2}}_{\neq 0}\left(\frac{1}{18}-\frac{1}{288}x_W\right)$$

$$0 = \frac{1}{18}-\frac{1}{288}x_W$$

$$x_W = 16$$

$$f'(16) \approx 0{,}243$$

Die maximale Hangneigung beträgt ca. 24,3 %. Es ist eine blaue Piste.

Teilaufgabe 1.3 mit CAS

1.3 Der Parameter b bewirkt eine Verschiebung des Funktionsgraphen parallel zur y-Achse für $b>0$ nach oben bzw. für $b<0$ nach unten. Damit verändert sich für alle Pistenpunkte gleichmäßig die Höhe über dem Meeresspiegel.

Bedingung I: Q(0; 3)

ohne CAS: $f_{a;\,b}(0) = 3 = e^{-2}\cdot\frac{7}{2}+b$

$$b = 3-\frac{7}{2e^2}$$

mit CAS: Zuerst wird der Funktionsterm abgespeichert. Dann wird die Gleichung $f_{a;\,b}(0)=3$ gelöst.

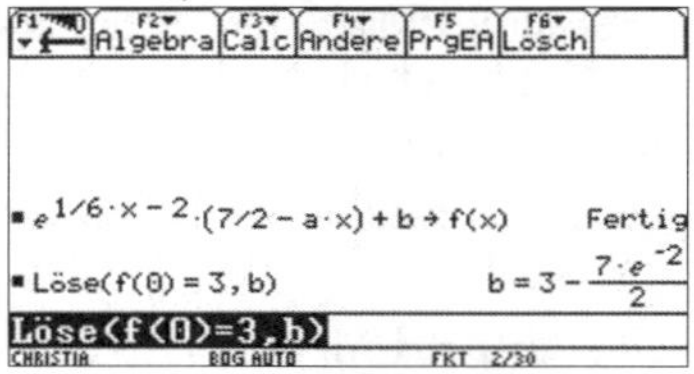

Lösung: $b=3-\dfrac{7}{2\cdot e^2}$

Bedingung II: Die maximale Neigung besitzt die Profillinie im Wendepunkt. Die Wendestelle ist $x_W=2$.

Mittels der 2. Ableitung

$$f''_{a;\,b}(x)=\frac{-(2ax+24a-7)\cdot e^{\frac{x}{6}-2}}{72}$$

erhält man durch Lösen der Gleichung $f''_{a;\,b}(x)=0$ die Wendestelle

$$x_W=\frac{-(24a-7)}{2a}.$$

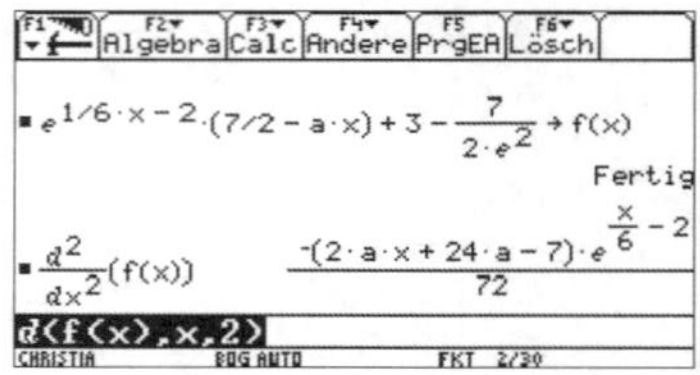

Die Lösung der Gleichung

$x_W=2=\dfrac{-(24a-7)}{2a}$ ist $a=\dfrac{1}{4}$.

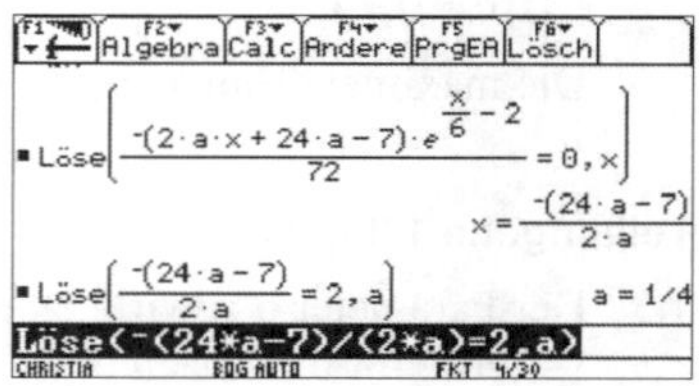

Damit sind die Parameter bestimmt, die die Bedingungen I und II erfüllen.

Teilaufgabe 1.3 ohne CAS

1.3 Die Funktion g muss mindestens den Grad 3 haben, da die Funktion mindestens einen Wendepunkt besitzen muss. (Wendepunkt ist Punkt mit maximaler Hangneigung). Die notwendige Bedingung für einen Wendepunkt ist $f''(x_W)=0$, die hinreichende Bedingung $f'''(x_W)\neq 0$. Diese Ableitungsfunktionen existieren erst ab einer Funktion 3. Grades.

$$g(x)=ax^3+bx^2+cx+d$$
$$g'(x)=3ax^2+2bx+c$$
$$g''(x)=6ax+2b$$

$$
\begin{aligned}
&A(22;9) &&\Rightarrow\ g(22) = 22^3\cdot a + 22^2\cdot b + 22c + d = 9\\
&B(0;5{,}5) &&\Rightarrow\ g(0) = d = 5{,}5\\
&W(16;7{,}9) &&\Rightarrow\ g''(16) = 96a + 2b = 0\\
& && \quad\ \underline{g(16) = 16^3\cdot a + 16^2\cdot b + 16c + d = 7{,}9}
\end{aligned}
$$

Lösen des Gleichungssystems mit einem geeigneten GTR-Programm:
$g(x) = -1{,}515 \cdot 10^{-4}x^3 + 7{,}273 \cdot 10^{-3}x^2 + 0{,}072x + 5{,}5$

Differenz d der Höhen:
$d(x) = |\, f(x) - g(x)\,|$
Zur Angabe der maximalen Höhendifferenz lässt man z. B. den Graphen der Funktion d im GRAPH-Menü zeichnen und liest die Koordinaten des Maximumpunktes ab. Die y-Koordinate ist der gesuchte Wert.
$E_{Max}(9{,}2;\ 0{,}19)$
Die größtmögliche Differenz der Höhen zwischen den Funktionen f und g beträgt 19 m.

Nach der Aufgabenstellung könnte auch die Höhendifferenz $d(x) = f(x) - g(x)$ gemeint sein. Bei diesem Ansatz ergibt sich $E_{Max}(19{,}47;\ 0{,}16)$, d. h. die maximale Differenz der Höhen zwischen f und g beträgt 16 m.
Die Parameter der Funktion g und der Wert der maximalen Höhendifferenz sind stark von der Genauigkeit der Punktkoordinaten abhängig.

1.4 X … Anzahl der Skifahrer je Vierer-Sessel
(X ist binomialverteilt mit $n = 4$, $p = 0{,}72$)
$P(A) = P(X = 3) \approx 0{,}4180$
$P(B) = P(X \geq 2) \approx 0{,}9306$

Y … Anzahl der Snowboarder auf 20 Vierer-Sesseln
$E(Y) = 4 \cdot 0{,}28 \cdot 20 = 22{,}4$

Grundkurs Mathematik (Sachsen): Musteraufgabe 3
Teil B – Aufgabe 2

Dallas in Texas ist für seine futuristisch gestalteten Hochhäuser berühmt. Eines der bekanntesten ist das 1986 fertiggestellte Fountain Place Building. Ziel des Architekten war es, ein Gebäude zu schaffen, das von jedem Standort aus und zu jedem Zeitpunkt unterschiedlich aussehen soll. Das Gebäude ist vollständig mit verspiegeltem Glas verkleidet, sodass in Abhängigkeit der Lichtverhältnisse die Farbwirkung mehrmals täglich wechselt.

Ansicht von Westen

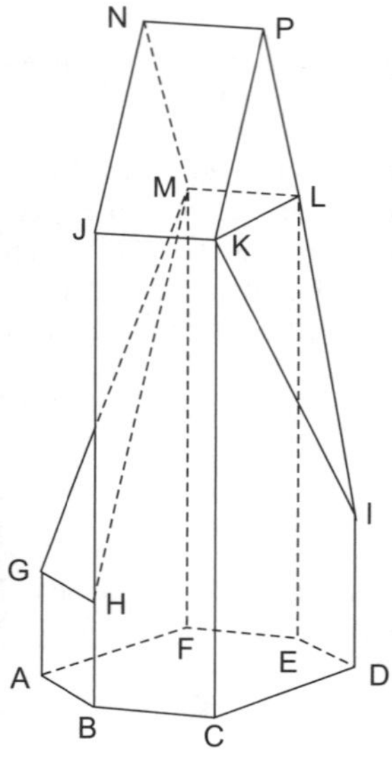

(Abbildung nicht maßstäblich)

Ansicht von Osten

Die geometrische Grundform besteht aus einem Quader mit aufgesetztem Prisma. In Richtung Westen und in Richtung Osten sind jeweils verschiedene dreiseitige Prismen mit angesetzten Pyramiden angebracht (siehe Abbildung).

Die Eckpunkte der sechseckigen Grundfläche sind allesamt Eckpunkte eines regulären Achtecks, das so in der x-y-Ebene eines gedachten kartesischen Koordinatensystems (eine Einheit entspricht 1 Meter) liegt, dass sich der Mittelpunkt dieses Achtecks im Koordinatenursprung befindet. Der Dachfirst $\overline{NP}$ verläuft parallel zur Seite $\overline{BC}$ des Achtecks, sein Mittelpunkt liegt senkrecht über dem Koordinatenursprung.

Von den Eckpunkten des Gebäudes sind folgende Koordinaten bekannt:
$C(0; -41{,}5; 0)$, $D(41{,}5; 0; 0)$, $G(-41{,}5; 0; 35)$, $H(-29{,}4; -29{,}4; 35)$, $I(41{,}5; 0; 50)$, $K(0; -41{,}5; 155{,}5)$, $L(29{,}4; 29{,}4; 155{,}5)$ und $M(0; 41{,}5; 155{,}5)$.

2.1 Die Spitze M der im linken Bild sichtbaren Pyramide endet in 71 % der Gesamthöhe des Gebäudes. Geben Sie die Gesamthöhe des Gebäudes an.
Weisen Sie nach, dass der Punkt P die Koordinaten (14,7; –6,1; 219,0) besitzt.
Geben Sie die Koordinaten der nicht vorgegebenen Eckpunkte an.
Zeichnen Sie die Draufsicht des Gebäudes maßstäblich.

Erreichbare BE-Anzahl: 7

2.2 Weisen Sie nach, dass es vier Eckpunkte der Grundfläche gibt, die ein Quadrat aufspannen.

Erreichbare BE-Anzahl: 2

2.3 Zeigen Sie, dass $-7\,479{,}950 \cdot x + 3\,101{,}700 \cdot y - 1\,722{,}250 \cdot z = -396\,530{,}425$ eine Gleichung der Ebene E_{KLI} ist.
Prüfen Sie, ob die Ebenen E_{GHM} und E_{KLI} zueinander orthogonal sind.

Erreichbare BE-Anzahl: 5

2.4 In einem früheren Planungsentwurf plante der Architekt, die Spitze der Pyramide nach Osten in die Grundrissebene zu legen, d. h., der Punkt I würde mit dem Punkt D zusammenfallen.
Ermitteln Sie den Schnittwinkel der Ebenen E_{KLI} und E_{KLD}.
Das Glas der „schräg liegenden Fläche" KLI bzw. KLD muss besonderen Qualitätsansprüchen genügen und ist deshalb besonders teuer.
Ermitteln Sie, um wie viel Prozent die realisierte Variante mit der Fläche KLI gegenüber der ursprünglich geplanten Variante mit der Fläche KLD kostengünstiger ist. Vernachlässigen Sie dabei die Unterschiede in den Kosten für die Verglasung der Flächen CDIK und DEIL in den beiden Varianten.

Erreichbare BE-Anzahl: 6

2.5 Nach dem Durchzug eines Hurrikans im Jahre 2004 musste eine Fläche von 20 m^2 der Glashülle ersetzt werden. Dafür wurden quadratische Glasscheiben mit einem Flächeninhalt von 0,25 m^2 verwendet.
Bei den Glaserarbeiten wurde mit einem Verschnitt von 10 % gerechnet. Die Ausschusswahrscheinlichkeit der Glasscheiben betrug 0,005.
Ermitteln Sie, wie viele Glasscheiben mindestens bestellt werden mussten, damit mit einer Wahrscheinlichkeit von mindestens 0,99 eine für die Reparatur ausreichende Menge an Glasscheiben vorhanden war.

Erreichbare BE-Anzahl: 2

Tipps und Hinweise

Teilaufgabe 2.1

- Beachten Sie, dass der Punkt K den gleichen Abstand zur Grundfläche hat wie der Punkt M. Somit können Sie die Gesamthöhe des Gebäudes mit dem Betrag des Vektors $\overrightarrow{CK}$ bestimmen.
- Ermitteln Sie die Koordinaten des Punktes P, indem Sie den Ortsvektor $\overrightarrow{OP}$ als Linearkombination geeigneter Vektoren darstellen.
- Beachten Sie bei der Angabe der fehlenden Koordinaten, dass die Gebäudekanten senkrecht zur x-y-Ebene verlaufen.
- Zeichnen Sie die Draufsicht des Gebäudes in der x-y-Ebene. Nutzen Sie den Maßstab 1 : 1 000 (1 cm $\triangleq$ 10 m).

Teilaufgabe 2.2

- Überlegen Sie, welche Eigenschaften ein Quadrat aufweist.
- Nutzen Sie die Darstellung aus 2.1, um die möglichen Eckpunkte des Quadrates zu vermuten.

Teilaufgabe 2.3

- Zum Nachweis der Richtigkeit der Ebenengleichung zeigen Sie z. B., dass die Koordinaten der Punkte K, L und I die Ebenengleichung erfüllen.
- Erstellen Sie eine Gleichung der Ebene E_{GHM}.
- Untersuchen Sie die Lagebeziehung beider Ebenen, indem Sie z. B. deren Normalenvektoren auf Orthogonalität untersuchen.

Teilaufgabe 2.4

- Erstellen Sie eine Gleichung der Ebene E_{KLD}.
- Bestimmen Sie den Schnittwinkel mit einem geeigneten GTR-Programm.
- Berechnen Sie die Flächeninhalte der beiden Dreiecksflächen z. B.
  durch Anwendung der Formel für den Dreiecksflächeninhalt $A = \frac{1}{2} g \cdot h_g$
  oder
  mittels Vektorprodukt.
- Setzen Sie beide Flächeninhalte ins Verhältnis und bestimmen Sie daraus die prozentuale Kostenersparnis.

Teilaufgabe 2.5

- Beachten Sie bei der Berechnung der Anzahl der zur Reparatur notwendigen Scheiben, dass die 80 Scheiben, welche die Fläche bedecken, 90 % der gesuchten Anzahl sind.
- Die Zufallsgröße X … Anzahl der nicht defekten Scheiben zur Reparatur
  ist binomialverteilt mit $p = 0{,}995$.
- Das unbekannte n (Mindestzahl der zu bestellenden Scheiben) bestimmt man z. B. durch Probieren mit einem geeigneten GTR-Programm.

2.1 Gebäudehöhe h: $h = \frac{|\overrightarrow{CK}|}{0{,}71}$ mit $\overrightarrow{CK} = \begin{pmatrix} 0 \\ 0 \\ 155{,}5 \end{pmatrix}$

folgt $h = \frac{155{,}5\ \text{m}}{0{,}71}$

$\underline{\underline{h \approx 219{,}0\ \text{m}}}$

Nachweis der Koordinaten des Punktes P:

$\overrightarrow{OP} = \overrightarrow{OK} + \frac{1}{2}\overrightarrow{KL} + \overrightarrow{M_{KL}P}$

mit $\overrightarrow{M_{KL}P} = \begin{pmatrix} 0 \\ 0 \\ 63{,}5 \end{pmatrix}$ $z = 63{,}5$ … Höhe von P über Kante KL

folgt

$\overrightarrow{OP} = \begin{pmatrix} 0 \\ -41{,}5 \\ 155{,}5 \end{pmatrix} + \frac{1}{2}\begin{pmatrix} 29{,}4 \\ 70{,}9 \\ 0 \end{pmatrix} + \begin{pmatrix} 0 \\ 0 \\ 63{,}5 \end{pmatrix} = \begin{pmatrix} 14{,}7 \\ -6{,}1 \\ 219{,}0 \end{pmatrix}$

$\Rightarrow$ P(14,7; −6,1; 219,0) $\Rightarrow$ Aussage bestätigt

Koordinaten der nicht vorgegebenen Eckpunkte:

A(−41,5; 0; 0)

B(−29,4; −29,4; 0)

E(29,4; 29,4; 0)

F(0; 41,5; 0)

J(−29,4; −29,4; 155,5)

N(−14,7; 6,1; 219,0)

Zeichnung:
Maßstab 1 : 1 000 (1 cm $\hat{=}$ 10 m)

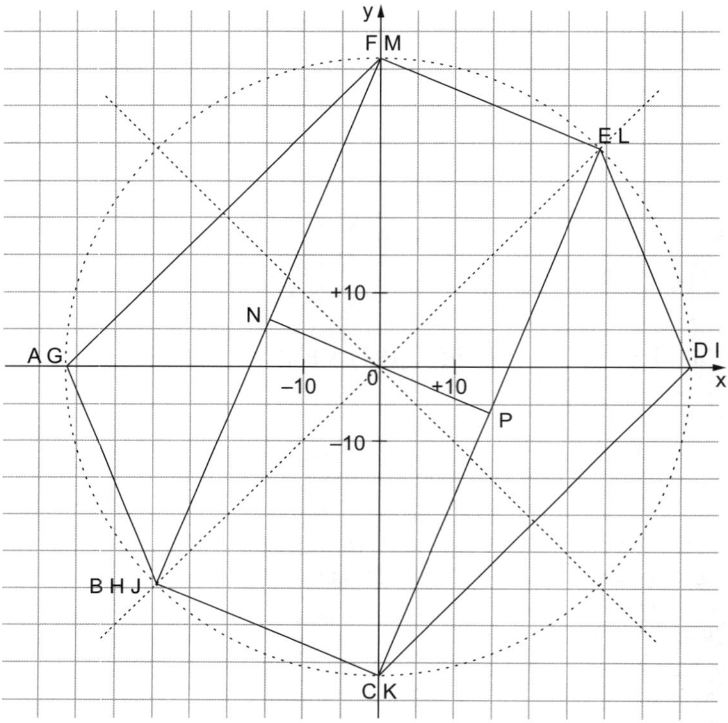

2.2 Vermutung: Viereck ACDF ist ein Quadrat.

Zu zeigen ist:

(1) Alle vier Seiten sind gleich lang, d. h. $|\overrightarrow{AC}| = |\overrightarrow{CD}| = |\overrightarrow{DF}| = |\overrightarrow{FA}|$.

und (2) Alle Innenwinkel sind rechte Winkel.

zu (1) $\overrightarrow{AC} = \begin{pmatrix} 41,5 \\ -41,5 \\ 0 \end{pmatrix}$, $\overrightarrow{CD} = \begin{pmatrix} 41,5 \\ 41,5 \\ 0 \end{pmatrix}$, $\overrightarrow{DF} = \begin{pmatrix} -41,5 \\ 41,5 \\ 0 \end{pmatrix}$, $\overrightarrow{FA} = \begin{pmatrix} -41,5 \\ -41,5 \\ 0 \end{pmatrix}$

$\Rightarrow |\overrightarrow{AC}| = |\overrightarrow{CD}| = |\overrightarrow{DF}| = |\overrightarrow{FA}| = \sqrt{3\,444,5}$

$\Rightarrow$ Viereck ACDF ist ein Rhombus

zu (2) Da das Viereck ein Rhombus ist, muss man nur zeigen, dass die Größe eines Innenwinkels 90° beträgt.

$\overrightarrow{AC} \perp \overrightarrow{CD}$ gdw. $\overrightarrow{AC} \circ \overrightarrow{CD} = 0$

$\overrightarrow{AC} \circ \overrightarrow{CD} = 1\,722{,}25 - 1722{,}25 = 0$

$\Rightarrow \quad \sphericalangle(\overrightarrow{AC}; \overrightarrow{CD}) = 90°$

Damit ist gezeigt, dass das Viereck ACDF ein Quadrat ist.

2.3 E_{KLI}: $-7\,479{,}950x + 3\,101{,}700y - 1\,722{,}250z = -396\,530{,}425$

Nachweis der Richtigkeit der Ebenengleichung durch Einsetzen der Punkte in die Gleichung:

K in E_{KLI}: $3\,101{,}700 \cdot (-41{,}5) - 1\,722{,}250 \cdot 155{,}5 = -396\,530{,}425$

$-396\,530{,}425 = -396\,530{,}425$ w. A.

L in E_{KLI}: $-7\,479{,}950 \cdot 29{,}4 + 3\,101{,}700 \cdot 29{,}4 - 1\,722{,}250 \cdot 155{,}5 = -396\,530{,}425$

$-396\,530{,}425 = -396\,530{,}425$

w. A.

I in E_{KLI}: $-7\,479{,}950 \cdot 41{,}5 - 1\,722{,}250 \cdot 50 = -396\,530{,}425$

$-396\,530{,}425 = -396\,530{,}425$ w. A.

Damit ist gezeigt, dass die gegebene Gleichung eine Gleichung der Ebene E_{KLI} ist.

$$E_{GHM}: \vec{x} = \begin{pmatrix} -41{,}5 \\ 0 \\ 35 \end{pmatrix} + r \begin{pmatrix} 12{,}1 \\ -29{,}4 \\ 0 \end{pmatrix} + s \begin{pmatrix} 41{,}5 \\ 41{,}5 \\ 120{,}5 \end{pmatrix} \quad (r, s \in \mathbb{R})$$

$$-3\,542{,}7x - 1\,458{,}05y + 1\,722{,}25z = 207\,300{,}8$$

Untersuchung der Lagebeziehung:

Lösungsweg 1: mittels GTR-Programm zur Lagebeziehung

Ergebnis: E_{GHM} nicht orthogonal zu E_{KLI}.

Lösungsweg 2: $$\vec{n}_{E_{KLI}} \circ \vec{n}_{E_{GHM}} = \begin{pmatrix} -7\,479{,}950 \\ 3\,101{,}700 \\ -1\,722{,}250 \end{pmatrix} \circ \begin{pmatrix} -3\,542{,}7 \\ -1\,458{,}05 \\ 1\,722{,}25 \end{pmatrix}$$

$$= 19\,010\,640{,}12 \neq 0$$

$\Rightarrow \quad \vec{n}_{E_{KLI}}$ nicht orthogonal zu $\vec{n}_{E_{GHM}}$

$\Rightarrow \quad E_{KLI}$ nicht orthogonal zu E_{GHM}

2.4 $$E_{KLD}: \vec{x} = \begin{pmatrix} 0 \\ -41{,}5 \\ 155{,}5 \end{pmatrix} + t \begin{pmatrix} 29{,}4 \\ 70{,}9 \\ 0 \end{pmatrix} + v \begin{pmatrix} 41{,}5 \\ 41{,}5 \\ -155{,}5 \end{pmatrix} \quad (t, v \in \mathbb{R})$$

Den Schnittwinkel zwischen beiden Ebenen ermittelt man mit einem geeigneten GTR-Programm:

$\underline{\underline{\sphericalangle(E_{KLI}; E_{KLD}) \approx 3{,}8°}}$

Flächeninhalte:

A_1 … Flächeninhalt des Dreiecks KLI

$$A_1 = \frac{1}{2} g \cdot h \qquad \text{mit } g = |\overrightarrow{KL}| = \left| \begin{pmatrix} 29{,}4 \\ 70{,}9 \\ 0 \end{pmatrix} \right| \approx 76{,}75 \text{ m}$$

$$A_1 = \frac{1}{2} \cdot |\overrightarrow{KL}| \cdot h_1 \qquad h_1 \approx 107{,}86 \text{ m}$$

h_1 ist der Abstand des Punktes I zur Strecke $\overline{KL}$. Diesen bestimmt man z. B. mit einem geeigneten GTR-Programm.

$\underline{A_1 \approx 4\,139 \text{ m}^2}$

A_2 … Flächeninhalt des Dreiecks KLD

$$A_2 = \frac{1}{2} \cdot |\overrightarrow{KL}| \cdot h_2 \qquad \text{mit } h_2 \approx 157{,}11 \text{ m}$$

h_2 ist der Abstand des Punktes D zur Strecke $\overline{KL}$.

$\underline{A_2 \approx 6\,029 \text{ m}^2}$

$$\frac{A_1}{A_2} = \frac{\frac{1}{2} \cdot |\overrightarrow{KL}| \cdot h_1}{\frac{1}{2} \cdot |\overrightarrow{KL}| \cdot h_2} = \frac{h_1}{h_2} \approx 0{,}6865$$

Die Variante mit der Fläche KLI ist um ca. $\underline{\underline{31{,}3\ \%}}$ günstiger als die ursprünglich geplante Variante.

Bei dieser Lösungsvariante reicht es aus, die beiden Höhen h_1 und h_2 ins Verhältnis zu setzen. Die Begründung ist aus der Gleichung erkennbar. Man muss also die Flächeninhalte nicht berechnen.
Die Berechnung der Flächeninhalte ist auch mittels Vektorprodukt möglich. Dabei gilt z. B.:

$$A_1 = \frac{1}{2} |\overrightarrow{KL} \times \overrightarrow{KI}| \text{ und}$$

$$A_2 = \frac{1}{2} |\overrightarrow{KL} \times \overrightarrow{KD}|$$

2.5 a … Anzahl der zur Reparatur notwendigen Scheiben

$a = 20 \text{ m}^2 : 0{,}25 \text{ m}^2 : 0{,}9$

$\underline{a = 89}$

X … Anzahl der nicht defekten Scheiben zur Reparatur
(X binomialverteilt mit $p = 0{,}995$, n unbekannt)

$P(X \geq a) = P(X \geq 89) \geq 0{,}99$

Durch Probieren mit einem geeigneten GTR Programm erhält man als Mindestzahl der zu bestellenden Scheiben $\underline{\underline{n = 92}}$.

Grundkurs Mathematik (Sachsen): Abiturprüfung 2010
Teil A (ohne Rechenhilfsmittel)

1 In den Aufgaben 1.1 bis 1.5 ist von den jeweils fünf Auswahlmöglichkeiten genau eine Antwort richtig. Kreuzen Sie das jeweilige Feld an.

1.1 Eine Gerade besitzt den Anstieg $-\frac{5}{2}$. Jede Senkrechte zu dieser Geraden hat den Anstieg:

☐	☐	☐	☐	☒
$\frac{1}{2}$	$-\frac{2}{5}$	$\frac{5}{2}$	$-\frac{1}{2}$	$\frac{2}{5}$

1.2 Welcher der angegebenen Terme beschreibt die erste Ableitungsfunktion der Funktion f mit $f(x) = e^{2 \cdot x}$ $(x \in D_f)$?

☒	☐	☐	☐	☐
$2 \cdot x \cdot e^{2 \cdot x}$	$2 \cdot e^{2 \cdot x}$	e^2	$x \cdot e^{2 \cdot x}$	$e^{2 \cdot x}$

1.3 Wie viele Lösungen besitzt die Gleichung $\frac{1}{2} \cdot x \cdot (x^2 - 1) = 0$ $(x \in \mathbb{R})$?

☐	☐	☐	☒	☐
0	1	2	3	4

1.4 Die Geraden g und h werden durch folgende Gleichungen beschrieben:

$$g:\ \vec{x} = \begin{pmatrix} 5 \\ 7 \\ 2 \end{pmatrix} + s \cdot \begin{pmatrix} 3 \\ 1 \\ 1 \end{pmatrix}\ (s \in \mathbb{R});\quad h:\ \vec{x} = \begin{pmatrix} 5 \\ 7 \\ 2 \end{pmatrix} + t \cdot \begin{pmatrix} -3 \\ 0 \\ 1 \end{pmatrix}\ (t \in \mathbb{R}).$$

Welche Aussage bezüglich der Lagebeziehung der beiden Geraden g und h ist wahr?
Die Geraden g und h

☐	☐	☒	☐	☐
verlaufen parallel.	schneiden sich senkrecht.	schneiden sich nicht senkrecht.	verlaufen windschief.	sind identisch.

1.5 Ein Glücksrad ist in drei kongruente Segmente aufgeteilt. Jedes Segment wird mit genau einer Zahl beschriftet (zwei Segmente mit der Zahl „0" und ein Segment mit der Zahl „1"). Beim einmaligen Drehen dieses Glücksrades wird genau ein Segment ausgewählt. Das Rad wird genau zweimal gedreht.
Die Wahrscheinlichkeit für das Ereignis „Es werden zwei gleiche Zahlen ermittelt." beträgt:

☐	☒	☐	☐	☒
$\frac{1}{9}$	$\frac{4}{9}$	1	$\frac{9}{5}$	$\frac{5}{9}$

Erreichbare BE-Anzahl: 5

2 In der Abbildung ist der Graph der ersten Ableitungsfunktion f' einer Funktion f dargestellt.

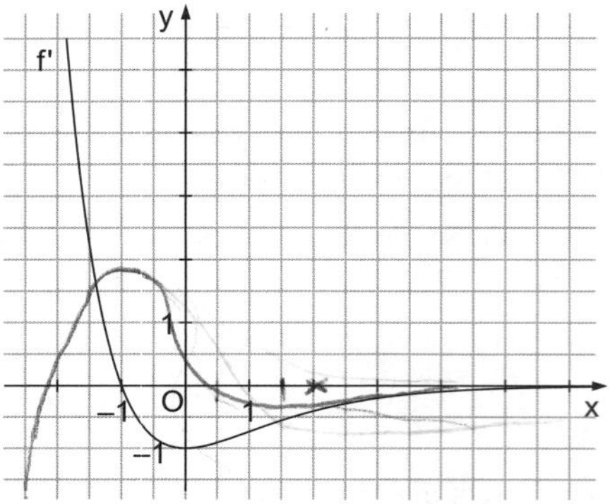

2.1 Formulieren Sie jeweils eine wahre Aussage

(1) zum Vorzeichen des Anstiegs des Graphen der Funktion f an der Stelle $x = 2$;

(2) zur Art der Monotonie der Funktion f im Intervall $0{,}5 < x < 1{,}5$ $(x \in \mathbb{R})$.

Erreichbare BE-Anzahl: 2

2.2 Begründen Sie, dass die folgenden Aussagen für den Graphen der Funktion f wahr sind.

Aussage 1: Der Graph der Funktion f besitzt bei $x = 0$ einen Wendepunkt.

Aussage 2: Der Graph der Funktion f besitzt bei $x = -1$ eine zur x-Achse parallele Tangente.

Erreichbare BE-Anzahl: 2

3 Zeigen Sie, dass die Punkte A(2; 1; –2), B(3; 2; –1) und C(0; –1; 6) ein Dreieck bilden.

Erreichbare BE-Anzahl: 2

4 Aus einer Urne mit genau einer blauen, genau fünf weißen und genau zwei gelben Kugeln wird zweimal nacheinander je eine Kugel ohne Zurücklegen gezogen und deren Farbe betrachtet.

Bestimmen Sie jeweils die Wahrscheinlichkeit folgender Ereignisse.

Ereignis A: Die zweite Kugel ist blau.

Ereignis B: Die beiden Kugeln sind gleichfarbig.

Erreichbare BE-Anzahl: 4

Tipps und Hinweise

Teilaufgabe 1.1

Für den Anstieg zueinander senkrechter Geraden g und h gilt:
$m_g \cdot m_h = -1$ bzw. $m_g = -\frac{1}{m_h}$

Teilaufgabe 1.2

Wenden Sie die Kettenregel an.

Teilaufgabe 1.3

Nutzen Sie den Satz: Ein Produkt ist null, wenn mindestens ein Faktor null ist.

Wenden Sie diesen Satz auf alle Faktoren der Gleichung an.

Teilaufgabe 1.4

Untersuchen Sie im ersten Schritt die Lagebeziehung der beiden Geraden.

Sollten Sie einen Schnittpunkt ermitteln, dann müssen Sie noch prüfen, ob die beiden Richtungsvektoren der Geraden g und h senkrecht zueinander verlaufen.
Nutzen Sie dazu folgende Beziehung: $g \perp h \Rightarrow \vec{a}_g \circ \vec{a}_h = 0$

Teilaufgabe 1.5

Veranschaulichen Sie sich den Zufallsversuch in einem Baumdiagramm.

Wenden Sie zur Berechnung der Wahrscheinlichkeit die Pfadregeln an.

Teilaufgabe 2

Nutzen Sie zum Formulieren und zum Begründen u. a. folgende Zusammenhänge:

- zwischen Nullstelle der Funktion f' und Extremstelle der Funktion f,
- zwischen Extremstelle der Funktion f' und Wendestelle der Funktion f,
- zwischen den Funktionswerten der Funktion f' und dem Anstieg/der Monotonie der Funktion f.

Teilaufgabe 3

Beachten Sie, dass drei Punkte nur dann ein Dreieck bilden, wenn sie nicht auf einer Geraden liegen.

Teilaufgabe 4

Veranschaulichen Sie sich den Zufallsversuch in einem Baumdiagramm.

Wenden Sie zur Berechnung der Wahrscheinlichkeiten die Pfadregeln an.

Lösungen

1 *Vorbemerkung:* Als Lösung ist nur das Kreuz im jeweils richtigen Feld verlangt; im Folgenden sind zusätzlich Rechnungen und Begründungen für die richtige Antwort angegeben.

1.1 Richtige Antwort: Kreuz in $\underline{\underline{\text{Feld 5}}}$

Zwei Geraden g und h sind senkrecht zueinander, wenn für ihre Anstiege m gilt:

$m_g = -\frac{1}{m_h}$ bzw. $m_g \cdot m_h = -1$

Anstieg der Geraden g: $m_g = -\frac{5}{2}$

Anstieg der Senkrechten s: $m_s = -\frac{1}{m_g} = \frac{2}{5}$

1.2 Richtige Antwort: Kreuz in $\underline{\underline{\text{Feld 2}}}$

$f(x) = e^{2 \cdot x}$

$f'(x) = 2 \cdot e^{2 \cdot x}$

1.3 Richtige Antwort: Kreuz in $\underline{\underline{\text{Feld 4}}}$

$\frac{1}{2} \cdot x \cdot (x^2 - 1) = 0$ gdw. $x_1 = 0$

oder $x^2 - 1 = 0$

$x^2 = 1$

$x_{2;3} = \pm 1$

$\Rightarrow$ 3 Lösungen

1.4 Richtige Antwort: Kreuz in $\underline{\underline{\text{Feld 3}}}$

$$g\colon \vec{x} = \begin{pmatrix} 5 \\ 7 \\ 2 \end{pmatrix} + s \underbrace{\begin{pmatrix} 3 \\ 1 \\ 1 \end{pmatrix}}_{\vec{a}} \qquad h\colon \vec{x} = \begin{pmatrix} 5 \\ 7 \\ 2 \end{pmatrix} + t \underbrace{\begin{pmatrix} -3 \\ 0 \\ 1 \end{pmatrix}}_{\vec{b}}$$

$\vec{a} = r \cdot \vec{b}$

$3 = -3r$

$1 = \;\; 0$ f. A. $\Rightarrow$ $\vec{a} \nparallel \vec{b}$

$1 = \;\; r$ $\Rightarrow$ g schneidet h oder g windschief zu h

Da beide Geraden denselben Stützvektor besitzen, haben sie den Punkt P(5; 7; 2) als gemeinsamen Punkt.

$\Rightarrow$ g und h schneiden sich.

Da $\vec{a} \circ \vec{b} = \begin{pmatrix} 3 \\ 1 \\ 1 \end{pmatrix} \circ \begin{pmatrix} -3 \\ 0 \\ 1 \end{pmatrix} = -8 \neq 0$ ist,

schneiden sich die Geraden g und h nicht senkrecht.

1.5 Richtige Antwort: Kreuz in Feld 5

A … Zwei gleiche Zahlen werden ermittelt

$P(\text{Zahl } 0) = \frac{2}{3}$

$P(\text{Zahl } 1) = \frac{1}{3}$

$P(A) = \frac{2}{3} \cdot \frac{2}{3} + \frac{1}{3} \cdot \frac{1}{3} = \frac{5}{9}$

Baumdiagramm:

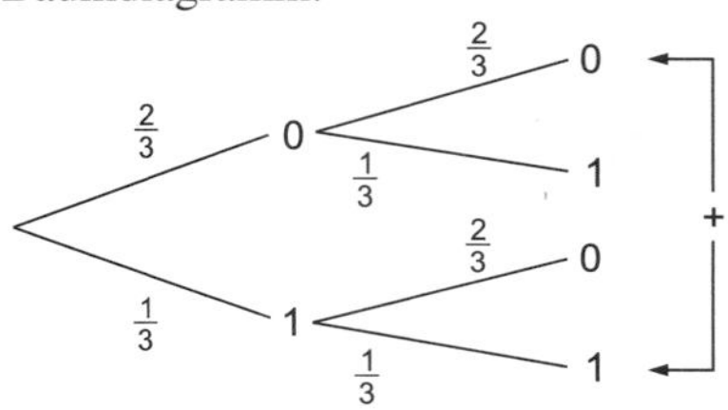

2.1 (1) Der Anstieg des Graphen der Funktion f hat an der Stelle $x = 2$ ein negatives Vorzeichen.

Begründung (nicht verlangt):
Die Ableitungsfunktion f' charakterisiert die Steigung der Funktion f. Wenn der Funktionswert der Funktion f' an einer Stelle negativ ist, dann ist die Funktion f an dieser Stelle monoton fallend und somit besitzt der Anstieg ein negatives Vorzeichen.

(2) Die Funktion f ist im Intervall $0{,}5 < x < 1{,}5$ (streng) monoton fallend.

Begründung: analog zu (1)

2.2 Aussage 1:
An der Stelle $x = 0$ besitzt die Ableitungsfunktion f' ein Minimum. Somit hat der Graph der Funktion f an dieser Stelle eine Wendestelle.

Aussage 2:
Die Stelle $x = -1$ ist die Nullstelle der Ableitungsfunktion f'. Demzufolge ist der Anstieg der Funktion f an dieser Stelle null. Somit verläuft die Tangente an den Graphen der Funktion f an der Stelle $x = -1$ parallel zur x-Achse.

3 Drei Punkte bilden ein Dreieck, wenn sie nicht auf einer Geraden liegen.

$g_{AB}\colon \vec{x} = \begin{pmatrix} 2 \\ 1 \\ -2 \end{pmatrix} + r \begin{pmatrix} 1 \\ 1 \\ 1 \end{pmatrix} \quad (r \in \mathbb{R})$

Punktprobe: C in g_{AB}: $\left.\begin{array}{rcrcl} 0 &=& 2+r & \Rightarrow & r_1 = -2 \\ -1 &=& 1+r & \Rightarrow & r_2 = -2 \\ 6 &=& -2+r & \Rightarrow & r_3 = 8 \end{array}\right\} r_1 = r_2 \neq r_3$

$\Rightarrow$ C liegt nicht auf g_{AB}

$\Rightarrow$ Die drei Punkte bilden ein Dreieck.

4 Baumdiagramm:

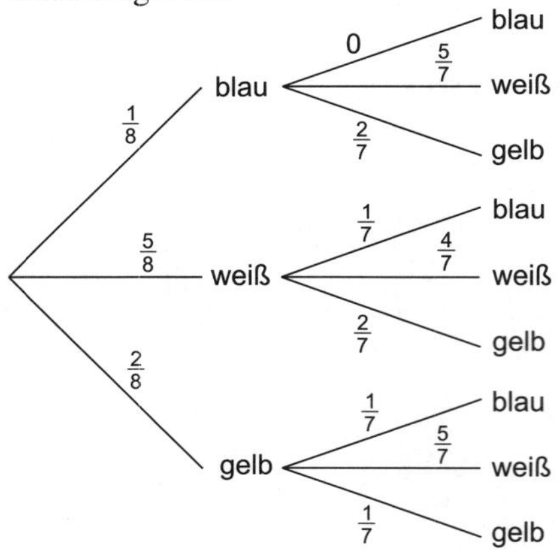

$$P(A)=\frac{1}{8}\cdot 0+\frac{5}{8}\cdot\frac{1}{7}+\frac{2}{8}\cdot\frac{1}{7}=\frac{7}{56}=\underline{\underline{\frac{1}{8}}}$$

$$P(B)=\frac{1}{8}\cdot 0+\frac{5}{8}\cdot\frac{4}{7}+\frac{2}{8}\cdot\frac{1}{7}=\underline{\underline{\frac{11}{28}}}$$

Grundkurs Mathematik (Sachsen): Abiturprüfung 2010
Teil B – Aufgabe 1

In der Abbildung ist die Profillinie (Längsschnitt) einer Schanzenanlage für den Skisprung vereinfacht dargestellt.
Die Profillinie des Schanzenanlaufes verläuft vom Punkt A bis zum Punkt B. Die Profillinie des Schanzentisches verläuft linear von Punkt B nach Punkt O, wobei im Punkt B ein tangentialer Übergang (ohne Knick) zwischen den beiden Profillinien erfolgt. Der Abschnitt vom Punkt C bis zum Punkt D wird als Profillinie des Aufsprunghanges bezeichnet.

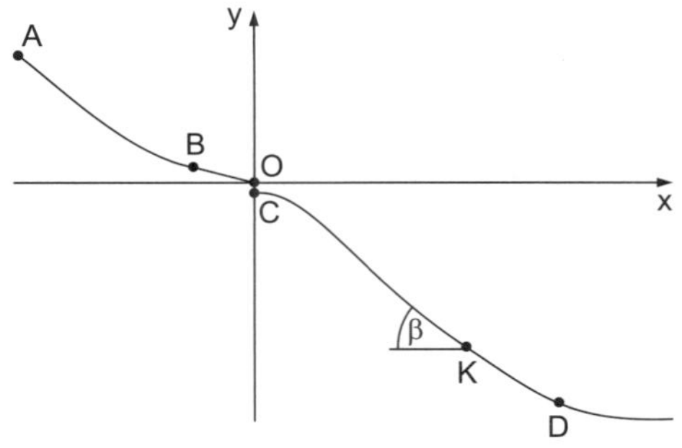

Abbildung (nicht maßstäblich)

Im Punkt O des Schanzentisches liegt der Ursprung eines kartesischen Koordinatensystems (1 Längeneinheit entspricht 1 Meter). Der Punkt B besitzt die Koordinaten B(−6,7; 1,3). Der Punkt C liegt auf der y-Achse.

1.1 Geben Sie eine Gleichung der Geraden g an, die durch die Punkte B und O verläuft.
Ermitteln Sie die Größe des Winkels α, den die Gerade g mit der negativen x-Achse einschließt.
Geben Sie die Länge der Strecke $\overline{BO}$ an.
Die Profillinie zwischen den Punkten A und B liegt auf dem Graphen einer Funktion.
Geben Sie an, welchen Anstieg der Graph dieser Funktion im Punkt B besitzt.

Erreichbare BE-Anzahl: 5

Die Profillinie des Aufsprunghanges kann annähernd durch einen Teil des Graphen der Funktion f mit $f(x) = 0{,}0000117 \cdot x^3 - 0{,}00380 \cdot x^2 - 0{,}277 \cdot x - 3{,}10$ $(x \in \mathbb{R},\ x \geq 0)$ beschrieben werden.

1.2 Begründen Sie, dass die Funktion f folgende Eigenschaften des Aufsprunghanges näherungsweise erfüllt:

(1) Die Schanzentischhöhe beträgt $\overline{CO} = 3{,}1$ m.

(2) Der Punkt K(108,3; −62,8) liegt auf dem Graphen von f.

(3) Der Punkt K ist Wendepunkt der Profillinie des Aufsprunghanges (auf den Nachweis der hinreichenden Bedingung der Existenz des Wendepunktes wird verzichtet).

(4) Der Neigungswinkel β der Profillinie des Aufsprunghanges im Punkt K gegenüber der Horizontalen (siehe Abbildung) beträgt $\beta = 34{,}5°$.

Erreichbare BE-Anzahl: 5

1.3 Ein Skispringer bewegt sich während des Sprunges auf einer Flugbahn, die im dargestellten Koordinatensystem näherungsweise auf dem Graphen der Funktion k mit $k(x) = -0{,}00360 \cdot x^2 - 0{,}194 \cdot x$ $(x \in \mathbb{R};\ 0{,}0 \le x \le 160{,}0)$ liegt.

Ermitteln Sie die Koordinaten des Landepunktes des Skispringers auf dem Aufsprunghang.
Die Höhe h des Skispringers über dem Aufsprunghang an der Stelle $x = u$ wird gemessen durch $h(u) = k(u) - f(u)$.
Bestimmen Sie die maximale Höhe des Skispringers über dem Aufsprunghang während des Sprunges.

Erreichbare BE-Anzahl: 4

1.4 Bei der Gestaltung des Aufsprunghanges musste Erdreich aufgeschüttet beziehungsweise abgetragen werden. Ein Teil der Profillinie des ursprünglichen Berghanges kann im Geländeschnitt näherungsweise durch den Graphen der Funktion i mit $i(x) = -0{,}480 \cdot x - 0{,}990$ $(x \in \mathbb{R};\ 0{,}0 \le x \le 50{,}0)$ beschrieben werden.

Für die Abschätzung der beförderten Erdmassen im Bereich $0{,}0 \le x \le 50{,}0$ des Aufsprunghanges ist die Kenntnis der Inhalte der Flächen im Geländeschnitt zwischen ursprünglichem und neuem Hangverlauf wichtig.
Ermitteln Sie den Inhalt der Fläche, die im abzutragenden Bereich lag.

Erreichbare BE-Anzahl: 3

Nach Wettkämpfen werden Dopingkontrollen durchgeführt. Erfahrungsgemäß verlaufen 98,5 % aller Proben im ersten Test, der sogenannten A-Probe, negativ und die anderen Proben positiv. Positiv getestete Sportler müssen sich einer weiteren Kontrolle, der B-Probe, unterziehen. Dabei zeigt sich, dass ein Sportler mit positiver A-Probe in 95,0 % aller Fälle auch in der B-Probe positiv getestet wird.

1.5 Ermitteln Sie die Wahrscheinlichkeit, dass unter 50 zufällig kontrollierten Sportlern mindestens drei eine positive A-Probe aufweisen.

Erreichbare BE-Anzahl: 2

1.6 Berechnen Sie die Wahrscheinlichkeit, dass bei einem zufällig ausgewählten Sportler sowohl A-Probe als auch B-Probe positiv sind.

Erreichbare BE-Anzahl: 2

1.7 Bei Dopingkontrollen wird ein kompliziertes chemisches Verfahren zweimal nacheinander durchgeführt, wobei sich die beiden Testergebnisse nicht beeinflussen. Bei zweimaliger Durchführung ist die Wahrscheinlichkeit für mindestens einmaliges Gelingen 0,9775.
Berechnen Sie, mit welcher Wahrscheinlichkeit das Nachweisverfahren bei einmaliger Durchführung gelingt.

Erreichbare BE-Anzahl: 2

Tipps und Hinweise

Teilaufgabe 1.1

- Beachten Sie, dass die Gerade g durch den Koordinatenursprung verläuft ($n = 0$).
- Berechnen Sie den Anstieg mit dem Differenzenquotienten $m = \frac{\Delta y}{\Delta x} = \frac{y_B - y_O}{x_B - x_O}$.
- Nutzen Sie zur Berechnung des Winkels α die Beziehung $|m| = \tan \alpha$.
- Die Streckenlänge der Strecke $\overline{BO}$ berechnet sich als Abstand der Punkte B und O mit dem Lehrsatz des Pythagoras.
- Der Übergang im Punkt B erfolgt ohne Knick. Die Steigung im Punkt B, also $f'(x_B)$, stimmt mit dem Anstieg der Geraden, also m_g, überein.

Teilaufgabe 1.2

- (1) Bestimmen Sie f(0) und damit den Abstand zum Punkt O.
- (2) Zeigen Sie, dass die Koordinaten des Punktes K die Gleichung der Funktion f erfüllen.
- (3) Zeigen Sie, dass die notwendige Bedingung für die Wendestelle $f''(x_W) = 0$ für $x = 108{,}3$ erfüllt ist.
- (4) Bestimmen Sie die Steigung m_K der Funktion f im Punkt K und daraus unter Nutzung der Beziehung $|m_K| = \tan \beta$ den gesuchten Winkel.

Teilaufgabe 1.3

- Beachten Sie, dass der Landepunkt der Schnittpunkt zwischen Flugbahn (Funktion k) und Aufsprunghang (Funktion f) ist.
- Zur Bestimmung der maximalen Höhe ermitteln Sie mit dem GTR den Maximumpunkt der Funktion h. Der y-Wert dieses Punktes ist der gesuchte Wert.

Teilaufgabe 1.4

- Stellen Sie sich den Sachverhalt in einer Skizze dar.
- Wählen Sie den Bereich, in dem Erdreich abgetragen werden musste.
- Beschreiben Sie diese Fläche durch ein Integral und berechnen Sie dessen Wert.

Teilaufgabe 1.5

- Wählen Sie für die Wahrscheinlichkeit eine geeignete Zufallsgröße X, z. B. „Anzahl der kontrollierten Sportler mit positiver A-Probe“. Diese Zufallsgröße X ist binomialverteilt mit den Parametern $n = 50$ und $p = 0{,}015$.
- Berechnen Sie die Wahrscheinlichkeit für $X \geq 3$.

Teilaufgabe 1.6

- Wenden Sie die Produktregel für Wahrscheinlichkeiten (1. Pfadregel) an.

Teilaufgabe 1.7

Veranschaulichen Sie sich den Zufallsversuch in einem Baumdiagramm. Bezeichnen Sie die Wahrscheinlichkeit für das Gelingen des Nachweises mit p.

Wenden Sie zur Berechnung der Wahrscheinlichkeit p die Pfadregeln an. Nutzen Sie das Gegenereignis.

Lösungen

1.1 Geradengleichung: $g:\ y = mx + n$

mit $n = 0$, da $O(0;\,0) \in g$

und $m_g = \frac{\Delta y}{\Delta x} = \frac{1{,}3}{-6{,}7} \approx -0{,}19$

folgt: $\underline{\underline{g:\ y = -0{,}19x}}$

α … Winkel zwischen Gerade g und negativer x-Achse

$m_g = -0{,}19 = \tan\alpha'$ oder $\tan\alpha = |m_g|$

$\alpha' \approx -11°$ $\qquad \underline{\underline{\alpha \approx 11°}}$

$\Rightarrow \alpha = |\alpha'|$

$\underline{\underline{\alpha \approx 11°}}$

$\ell_{\overline{BO}} = \sqrt{x_B^2 + y_B^2}$

$\ell_{\overline{BO}} = \sqrt{(-6{,}7)^2 + 1{,}3^2}\ \text{m}$

$\underline{\underline{\ell_{\overline{BO}} \approx 6{,}8\ \text{m}}}$

Die Strecke $\overline{BO}$ ist $\underline{\underline{\text{ca. } 6{,}8\ \text{m}}}$ lang.

Anstieg des Graphen im Punkt B: $\underline{\underline{f'(x_B) = m_g \approx -0{,}19}}$

Da der Übergang im Punkt $B(x_B;\, y_B)$ tangential (ohne Knick) zwischen beiden Profillinien erfolgt, muss gelten: $m_g = f'(x_B)$

1.2 $f(x) = 0{,}0000117 \cdot x^3 - 0{,}00380 \cdot x^2 - 0{,}277 \cdot x - 3{,}10$

(1) $f(0) = -3{,}10 \Rightarrow \overline{CO} = 0 - f(0) = 3{,}10$

Damit ist gezeigt, dass die Schanzentischhöhe 3,1 m beträgt.

(2) $f(108{,}3) = 0{,}0000117 \cdot 108{,}3^3 - 0{,}00380 \cdot 108{,}3^2 - 0{,}277 \cdot 108{,}3 - 3{,}10$

$f(108{,}3) = -62{,}8 \Rightarrow K \in f$

(3) K ist Wendepunkt der Profillinie des Aufsprunghanges, wenn $f''(108{,}3)=0$ gilt.

$f'(x)=0{,}0000351\cdot x^2-0{,}00760\cdot x-0{,}277$

$f''(x)=0{,}0000702\cdot x-0{,}00760$

$f''(108{,}3)=0{,}0000702\cdot 108{,}3-0{,}00760=2{,}66\cdot 10^{-6}\approx 0$

$\Rightarrow$ Aussage bestätigt

Man kann den Nachweis für (3) auch ohne ausführlichen Lösungsweg unter Nutzung eines geeigneten GTR-Programmes führen.

(4) $f'(108{,}3)\approx -0{,}6884=m_K$

$\tan\beta=|m_K|=0{,}6884$

$\beta\approx 34{,}5°$

Damit ist die Größe des Winkels β nachgewiesen.

1.3 $k(x)=-0{,}00360\cdot x^2-0{,}194\cdot x \quad (0{,}0\le x\le 160{,}0)$

Landepunkt L ist Schnittpunkt der Graphen der Funktionen f und k:

$\underline{\underline{L(106{,}8;\,-61{,}8)}}$

Den Schnittpunkt ermittelt man mit dem GTR.

Höhe h des Springers über dem Aufsprunghang an der Stelle $x=u$:

$h(u)=k(u)-f(u)$

$h(u)=-0{,}0000117\cdot u^3+0{,}0002\cdot u^2+0{,}083\cdot u+3{,}10$

Man lässt den Graphen der Funktion h im GRAPH-Menü zeichnen und liest die Koordinaten des Maximumpunktes ab. Der y-Wert dieses Punktes ist die gesuchte Höhe.

$E_{Max}(54{,}7;\,6{,}3)$

Die Maximalhöhe des Skispringers über dem Aufsprunghang beträgt $\underline{\underline{6{,}3\text{ m}}}$.

1.4 Skizze:

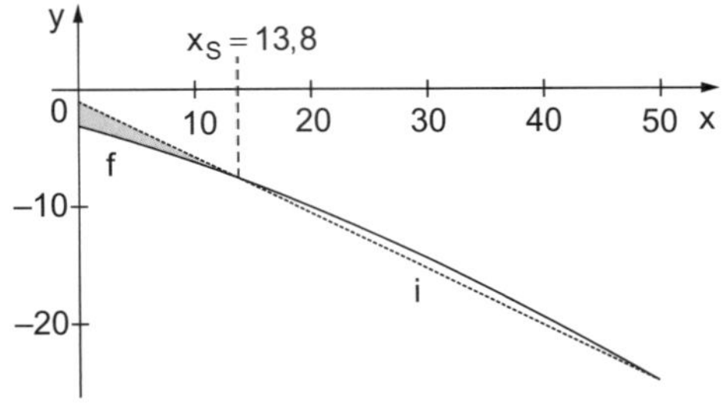

Schnittstelle $x_S=13{,}8$

A … Flächeninhalt im abzutragenden Bereich

$$A = \int_{0}^{13,8} [i(x) - f(x)]\,dx \approx \underline{\underline{13,0}}$$

$\underline{\underline{\text{Ca. } 13\ m^2}}$ lagen im abzutragenden Bereich.

Die Lösungen (Schnittstelle und Flächeninhalt) bestimmt man mit dem GTR. Der Flächeninhalt kann aber auch unter Nutzung der Stammfunktion berechnet werden.

1.5 X … Anzahl der kontrollierten Sportler mit positiver A-Probe
(X ist binomialverteilt mit $n = 50$, $p = 0{,}015$)

$\underline{\underline{P(X \geq 3) \approx 0{,}0392}}$

Die Lösung wird mit einem geeigneten GTR-Programm bestimmt.

1.6 C … A- und B-Probe positiv

$P(C) = 0{,}015 \cdot 0{,}95$

$\underline{\underline{P(C) \approx 0{,}0143}}$

1.7 G … Test gelingt
$\overline{G}$ … Test gelingt nicht

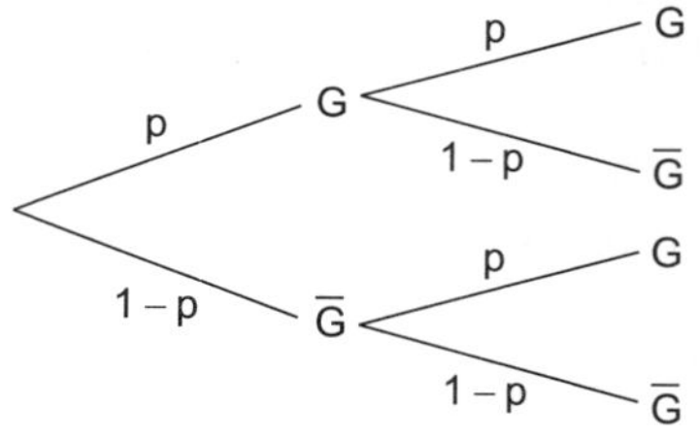

$$1 - (1 - p)^2 = 0{,}9775$$
$$2p - p^2 = 0{,}9775$$
$$0 = p^2 - 2p + 0{,}9775$$

$\underline{\underline{p_1 = 0{,}85}}$ Lösung der Gleichung z. B. mittels EQUA-Menü

($p_2 = 1{,}15$ entfällt, da $0 \leq p \leq 1$)

Das Nachweisverfahren gelingt bei einmaliger Durchführung mit einer Wahrscheinlichkeit von $\underline{\underline{85\ \%}}$.

Grundkurs Mathematik (Sachsen): Abiturprüfung 2010
Teil B – Aufgabe 2

Ein Makler bietet einen Zweiseitenhof zum Verkauf an.
Der Makler weiß aus Erfahrung, dass die Interessenten für solche Objekte 50 % junge Familien mit Kindern, 30 % ältere Ehepaare und 10 % alleinstehende Personen sind. Die restlichen Interessenten lassen sich keiner der drei Gruppen zuordnen. Im letzten Monat gab es 60 Anfragen von Interessenten zum oben beschriebenen Zweiseitenhof.

2.1 Geben Sie die Anzahl der älteren Ehepaare an, die nach den Erfahrungen des Maklers unter den Interessenten des letzten Monats zu erwarten waren.
Ermitteln Sie die Wahrscheinlichkeit dafür, dass von den Anfragen der Interessenten des letzten Monats mehr als die Hälfte von jungen Familien mit Kindern stammt.

Erreichbare BE-Anzahl: 3

Der Zweiseitenhof wurde in einem kartesischen Koordinatensystem (1 Längeneinheit entspricht 1 Meter) mit dem Koordinatenursprung O dargestellt (siehe Abbildung 1). Die Grundfläche ABCDEO liegt in der x-y-Koordinatenebene. Jede der sechs Fassadenflächen verläuft parallel zu einer Koordinatenebene. Die vier rechteckigen Fassadenflächen sind gleich hoch. Der Punkt F besitzt die Koordinaten F(16,0; 0,0; 6,0). Das Giebeldreieck FGL ist gleichschenklig mit der Basis $\overline{FG}$.

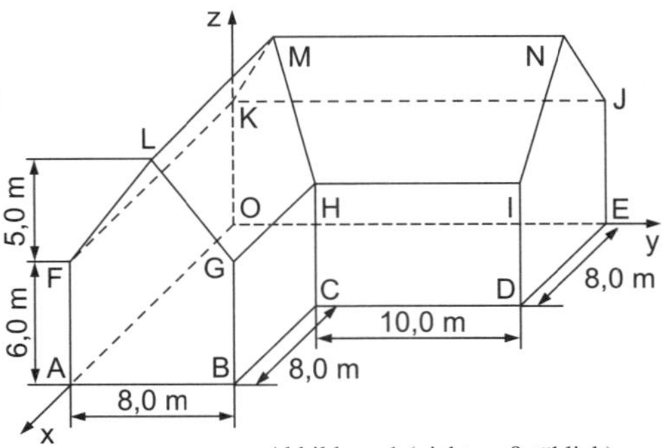

Abbildung 1 (nicht maßstäblich)

2.2 Geben Sie die Koordinaten der Eckpunkte A, B, G und L an.

Erreichbare BE-Anzahl: 2

Die Dachfläche HINM wird durch die Punkte mit den Koordinaten H(8,0; 8,0; 6,0), I(8,0; 18,0; 6,0), N(4,0; 18,0; 11,0) und M(4,0; 4,0; 11,0) begrenzt.

2.3 Ein am Kauf interessierter Kunde gibt einen Kostenvoranschlag für die Neueindeckung des Daches im Bereich der Dachfläche HINM in Auftrag. Der Quadratmeterpreis für Material und Arbeitsstunden beträgt 100,84 € netto (ohne 19 % Mehrwertsteuer).
Ermitteln Sie die Höhe der Bruttokosten (mit Mehrwertsteuer), mit denen der Kunde rechnen muss.

Erreichbare BE-Anzahl: 4

2.4 Auf der Dachfläche HINM möchte der Kunde eine Solaranlage installieren. Der Hersteller empfiehlt für eine solche Anlage eine Dachneigung von 30° bis 60° zum Boden.
Untersuchen Sie, ob diese Dachfläche diese Bedingung erfüllt.
Für eine größere Energieausbeute werden die Solarmodule durch senkrecht auf dem Dachboden HIJK befestigte, jeweils 1,5 m lange Stahlstreben angehoben. Eine der Streben wird im Punkt T(7,0; 13,0; 6,0) des Dachbodens verankert. Berechnen Sie den Abstand der Spitze dieser Strebe zur Dachfläche HINM.

Erreichbare BE-Anzahl: 5

2.5 Ein Teil des Giebeldreiecks FGL soll verglast werden. Der Sachverhalt wurde in einem ebenen kartesischen Koordinatensystem (1 Längeneinheit entspricht 1 Meter) dargestellt (siehe Abbildung 2). Die Verglasung (schraffiert) wird von zwei Linien begrenzt. Die eine Begrenzungslinie liegt auf dem Graphen einer zur y-Achse symmetrischen quadratischen Funktion, die andere auf der Strecke $\overline{FG}$. Die maximale Höhe der Glasfläche über der Strecke $\overline{FG}$ beträgt 3,5 m und die Breite der Glasfläche auf $\overline{FG}$ ist 7,0 m.

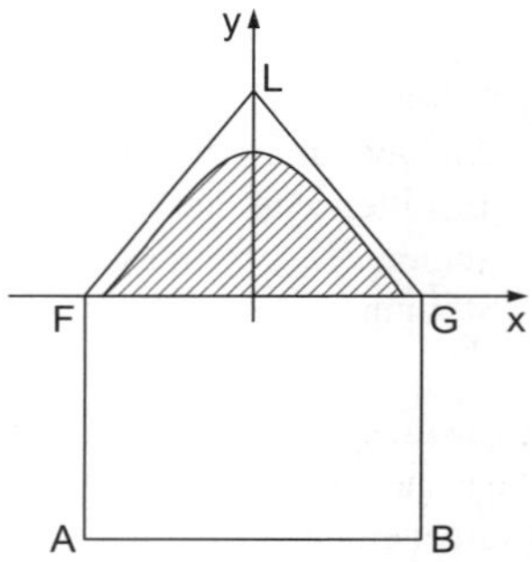

Abbildung 2 (nicht maßstäblich)

Ermitteln Sie den Inhalt der zu verglasenden Fläche.

Erreichbare BE-Anzahl: 4

2.6 Der am Kauf interessierte Kunde plant bereits den Ausbau des Dachbereiches unter den Dachflächen HINM und MNJK. Dabei möchte er auf Wandschrägen verzichten. Der umbaute Raum soll quaderförmig sein und die im Giebeldreieck liegende Querschnittsfläche dieses quaderförmigen Raumes soll möglichst groß werden.
Berechnen Sie den Inhalt dieser Querschnittsfläche (Wandstärken werden vernachlässigt).

Erreichbare BE-Anzahl: 4

Tipps und Hinweise

Teilaufgabe 2.1

- Beachten Sie, dass 30 % der 60 Interessenten des letzten Monats ältere Ehepaare waren.
- Wählen Sie für die Wahrscheinlichkeit eine geeignete Zufallsgröße X, z. B. „Anzahl der Anfragen von jungen Familien mit Kindern". Diese Zufallsgröße X ist binomialverteilt mit den Parametern $n = 60$ und $p = 0{,}5$.
- Berechnen Sie die Wahrscheinlichkeit für $X \geq 31$.

Teilaufgabe 2.2

- Lesen Sie die Koordinaten der Punkte aus der Abbildung ab. Beachten Sie, dass der Punkt O der Koordinatenursprung ist.

Teilaufgabe 2.3

- Skizzieren Sie die Dachfläche HINM. Beachten Sie die rechten Winkel bei I und N und die Trapezform der Dachfläche.
- Nutzen Sie zur Berechnung des Flächeninhalts die Formel: $A = \frac{1}{2} \cdot (a + c) \cdot h$
- Zur Berechnung der Bruttokosten multiplizieren Sie den Flächeninhalt mit dem Quadratmeterpreis und dem Wachstumsfaktor 1,19.

Teilaufgabe 2.4

- Erstellen Sie eine Gleichung der Ebene E_{HINM}.
- Bestimmen Sie den Schnittwinkel zwischen der Ebene E_{HINM} und dem Boden (x-y-Ebene $z = 0$) mit einem geeigneten GTR-Programm.
- Vergleichen Sie das Ergebnis mit der empfohlenen Dachneigung und formulieren Sie eine Entscheidung.
- Bestimmen Sie die Koordinaten der Spitze S der Strebe.
- Ermitteln Sie den Abstand des Punktes S zur Ebene E_{HINM} mit einem geeigneten GTR-Programm.

Teilaufgabe 2.5

- Erstellen Sie die Gleichung der quadratischen Funktion. Gehen Sie dabei von der allgemeinen Form $y = p(x) = ax^2 + b$ aus, da der Scheitelpunkt der Parabel auf der y-Achse liegt.
- Berechnen Sie den Inhalt der zu verglasenden Fläche mithilfe eines bestimmten Integrals.

Teilaufgabe 2.6

- Stellen Sie den Sachverhalt in einer Skizze dar. Beachten Sie, dass eine zweidimensionale Betrachtung der entsprechenden Giebelfläche genügt. Orientieren Sie sich an Abbildung 2 zu Teilaufgabe 2.5.
- Beachten Sie, dass es sich bei diesem Problem um eine Extremwertaufgabe handelt.
- Zum Erstellen der Zielfunktion benötigen Sie z. B. die Gleichung der Geraden durch die Punkte N und J.
- Berechnen Sie die Extremstelle der Zielfunktion und berechnen Sie damit den Inhalt der Querschnittsfläche.

Lösungen

2.1 Interessenten:

50 %	junge Familien mit Kindern
30 %	ältere Ehepaare
10 %	alleinstehende Personen
10 %	restliche Interessenten

$60 \cdot 0{,}3 = \underline{\underline{18}}$ ältere Ehepaare waren unter den Interessenten des letzten Monats zu erwarten.

X … Anzahl der Anfragen von jungen Familien mit Kindern
(X ist binomialverteilt mit $n = 60$, $p = 0{,}5$)

$\underline{\underline{P(X \geq 31) \approx 0{,}4487}}$

Die Lösung wird mit einem geeigneten GTR-Programm bestimmt.

2.2 A(16,0; 0,0; 0,0) G(16,0; 8,0; 6,0)
B(16,0; 8,0; 0,0) L(16,0; 4,0; 11,0)

2.3 Skizze der Dachfläche HINM:

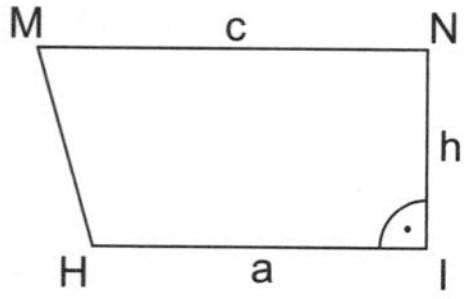

Flächeninhalt A der Dachfläche:

$A = \frac{1}{2}(a + c) \cdot h$ mit $a = \overline{HI}$; $c = \overline{MN}$; $h = \overline{IN}$ (Längen in Metern)

$a = y_I - y_H = 10$
$c = y_N - y_M = 14$

$h = \sqrt{(x_N - x_I)^2 + (z_N - z_I)^2} = \sqrt{16 + 25}$

$h = \sqrt{41}$

$A = \frac{1}{2}(10+14)\cdot\sqrt{41}$

$\underline{\underline{A \approx 76{,}8}}$

Der Flächeninhalt der Dachfläche HINM beträgt $\underline{\underline{\text{ca. } 76{,}8\ m^2}}$.

Bruttokosten K:

$K = A \cdot 100{,}84\ \frac{€}{m^2} \cdot 1{,}19$

$K = 76{,}8\ m^2 \cdot 100{,}84\ \frac{€}{m^2} \cdot 1{,}19$

$\underline{\underline{K \approx 9\,216\ €}}$

Der Kunde muss mit Bruttokosten in Höhe von $\underline{\underline{\text{ca. } 9\,216\ €}}$ rechnen.

2.4 Neigung der Dachfläche HINM:

$E_{HINM}:\ \vec{x} = \begin{pmatrix} 8{,}0 \\ 8{,}0 \\ 6{,}0 \end{pmatrix} + r\begin{pmatrix} 0 \\ 1 \\ 0 \end{pmatrix} + s\begin{pmatrix} -4 \\ 0 \\ 5 \end{pmatrix} \quad (r, s \in \mathbb{R})$

Boden (x-y-Ebene): $z = 0$

Der Schnittwinkel zwischen den Ebenen E_{HINM} und $z = 0$ wird mit einem geeigneten GTR-Programm bestimmt: $\alpha \approx 51°$

Die Dachfläche hat einen Neigungswinkel von $\underline{\underline{\text{ca. } 51°}}$. Sie ist somit zur Installation der Solaranlage geeignet.

Spitze S der Strebe: S(7,0; 13,0; 7,5)

Der Abstand d des Punktes S zur Dachfläche HINM wird mit einem geeigneten GTR-Programm bestimmt:

$\underline{\underline{d = \frac{1}{\sqrt{41}} \approx 0{,}16}}$

Der Abstand der Spitze zur Dachfläche beträgt $\underline{\underline{\text{etwa } 0{,}16\ m}}$.

2.5 Gleichung der quadratischen Funktion p:

$p(x) = ax^2 + b \quad$ mit S(0; 3,5) folgt $b = 3{,}5$

$\Rightarrow\ p(x) = ax^2 + 3{,}5\ $ mit $x_N = 3{,}5$ folgt $p(3{,}5) = 0$

$\Rightarrow\ p(3{,}5) = 3{,}5^2 \cdot a + 3{,}5 = 0$

$a = \frac{-1}{3{,}5} = -\frac{2}{7}$

$\Rightarrow\ p(x) = -\frac{2}{7}x^2 + 3{,}5$

Inhalt der Glasfläche:

$$A = 2 \cdot \int_0^{3,5} \left(-\frac{2}{7}x^2 + 3,5\right) dx$$

$$A = 2 \cdot \left[-\frac{2}{21}x^3 + 3,5x\right]_0^{3,5}$$

$$\underline{\underline{A \approx 16,3}}$$

Die zu verglasende Fläche hat einen Inhalt von $\underline{\underline{\text{ca. } 16,3\ m^2}}$.

Die ausführliche Lösung ist nicht erforderlich, der Einsatz eines geeigneten GTR-Programms ist sinnvoll.

2.6 Skizze:

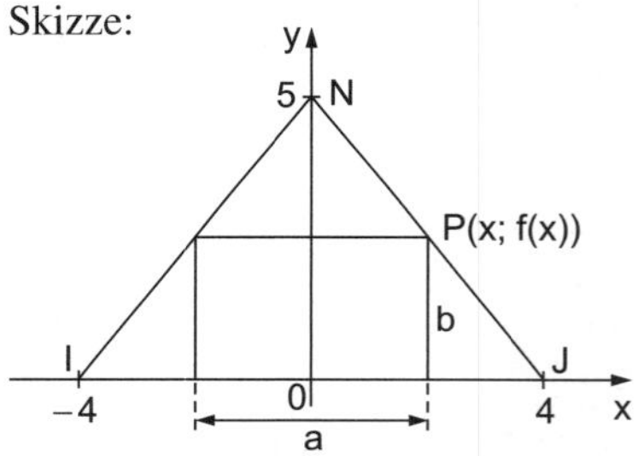

Hauptbedingung: $A(a, b) = a \cdot b$

Nebenbedingung: $g_{NJ}: f(x) = -\frac{5}{4}x + 5$ aus Skizze ablesbar

$a = 2x$

$b = f(x)$

Zielfunktion: $A(x) = 2x \cdot f(x)$

$A(x) = -\frac{5}{2}x^2 + 10x$

Bestimmung des Maximums:

$A'(x) = -5x + 10$

$A''(x) = -5$

$A'(x_E) = 0 = -5x_E + 10$

$\underline{x_E = 2}$

$A''(2) = -5 < 0 \quad \Rightarrow \quad$ lokales Maximum

$A(2) = -\frac{5}{2} \cdot 4 + 10 \cdot 2 = \underline{\underline{10}}$

Der Inhalt der Querschnittsfläche beträgt $\underline{\underline{10\ m^2}}$.

Die Lösung kann auch mit dem GTR bestimmt werden.

Grundkurs Mathematik (Sachsen): Abiturprüfung 2010 (Nachtermin)
Teil A (ohne Rechenhilfsmittel)

1 In den Aufgaben 1.1 bis 1.5 ist von den jeweils fünf Auswahlmöglichkeiten genau eine Antwort richtig. Kreuzen Sie das jeweilige Feld an.

1.1 Gegeben ist die Funktion f durch $f(x) = \sqrt{\frac{1}{2} \cdot x + 4}$ $(x \in D_f)$.
Welche Menge entspricht dem größtmöglichen Definitionsbereich der Funktion f?

☐	☒	☐	☐	☐
$\{x \in \mathbb{R}\}$	$\{x \in \mathbb{R};\, x \geq -8\}$	$\{x \in \mathbb{R};\, x \geq 0\}$	$\{x \in \mathbb{R};\, x \neq -8\}$	$\{x \in \mathbb{R};\, x > -8\}$

1.2 Welcher der angegebenen Funktionsterme beschreibt die erste Ableitungsfunktion der Funktion f mit $f(x) = (3 \cdot x + 4)^2$ $(x \in D_f)$? $2(3x+4) \cdot 3$

☒	☐	☐	☐	☐
$18 \cdot x + 24$	$6 \cdot x + 8$	$\frac{1}{9} \cdot (3 \cdot x + 4)^3$	$\frac{1}{3} \cdot (3 \cdot x + 4)^3$	$18 \cdot x$

1.3 Welche Funktion ist eine Stammfunktion der Funktion f mit $f(x) = x^5 - 4 + \frac{1}{x^5}$ $(x \in D_f)$?

☐ $F(x) = 5 \cdot x^4 - 4 \cdot x + \frac{1}{x^5}$ $(x \in D_F)$

☐ $F(x) = \frac{1}{6} \cdot x^6 - 4 \cdot x + \frac{1}{x^6}$ $(x \in D_F)$

☒ $F(x) = \frac{1}{6} \cdot x^6 - 4 \cdot x - \frac{1}{4 \cdot x^4}$ $(x \in D_F)$

☐ $F(x) = \frac{1}{5} \cdot x^5 - \frac{4}{x} - \frac{1}{4 \cdot x^4}$ $(x \in D_F)$

☐ $F(x) = \frac{1}{5} \cdot x^4 - 4 \cdot x - 4 \cdot x^{-4}$ $(x \in D_F)$

1.4 Gegeben ist die Ebene E durch E: $-x + 2 \cdot y + 4 \cdot z = 6$.
Für welchen Wert für a liegt der Punkt $P_a(2;\, 0;\, a)$ in der Ebene E?

☐	☒	☐	☐	☐
$a = 1$	$a = 2$	$a = 3$	$a = 4$	$a = 5$

1.5 Für welchen Wert von m $(m \in \mathbb{R},\, m > 0)$ beträgt die Länge des Vektors $\begin{pmatrix} 10 \\ -2 \\ m \end{pmatrix}$ 15 Längeneinheiten?

☐	☐	☒	☐	☐
$m = 3$	$m = 7$	$m = 11$	$m = 14$	$m = \sqrt{329}$

Erreichbare BE-Anzahl: 5

2 In der Abbildung ist der Graph der ersten Ableitungsfunktion f' einer Funktion f dargestellt.

Skizzieren Sie in der Abbildung den Graphen einer zugehörigen Funktion f im dargestellten Intervall.

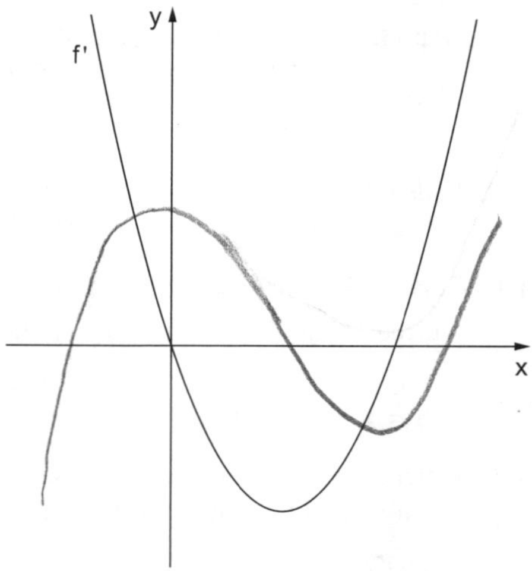

Erreichbare BE-Anzahl: 3

3 Aus Erfahrungen sind bestimmte Daten zur Grippeschutzimpfung bekannt. Man weiß, dass in einem bestimmten Wohnbezirk 40 % der Bevölkerung an der Grippeschutzimpfung teilnehmen und die anderen Bürger dieses Wohnbezirks sich nicht gegen Grippe impfen lassen.
Die nicht geimpften Bürger erkranken mit einer Wahrscheinlichkeit von 5,0 % an Grippe. 1,0 % der geimpften Bürger erkranken trotz Impfung an Grippe.

Berechnen Sie, mit welcher Wahrscheinlichkeit ein zufällig ausgewählter Bürger dieses Wohnbezirks

(1) sich einer Impfung unterzieht und nicht an Grippe erkrankt;
(2) an Grippe erkrankt.

Erreichbare BE-Anzahl: 4

4 Berechnen Sie die Koordinaten des Durchstoßpunktes D der Geraden g mit der Ebene E.

$$g: \vec{x} = \begin{pmatrix} -1 \\ -7 \\ -2 \end{pmatrix} + r \cdot \begin{pmatrix} 1 \\ 3 \\ 2 \end{pmatrix} \; (r \in \mathbb{R}); \quad E: x - 5 \cdot y - 4 \cdot z = -2$$

D $\begin{pmatrix} 1 \\ -1 \\ 2 \end{pmatrix}$

Erreichbare BE-Anzahl: 3

40 % → 1,0 %
60 % → 5,0 %

G
$\bar{G}$

Tipps und Hinweise

Teilaufgabe 1.1

Der Wurzelradikand darf nicht negativ sein, also muss gelten:

$$\frac{1}{2} \cdot x + 4 \geq 0$$

Teilaufgabe 1.2

Wenden Sie die Kettenregel an **oder** lösen Sie vor dem Differenzieren die Klammer auf. Beachten Sie dabei die binomische Formel.

Teilaufgabe 1.3

Wenden Sie die Potenz- und die Faktorregel beim Integrieren an.

Teilaufgabe 1.4

Setzen Sie die Koordinaten des Punktes P in die Ebenengleichung ein und stellen Sie diese nach a um.

Teilaufgabe 1.5

Nutzen Sie die Formel $|\vec{a}| = \sqrt{a_1^2 + a_2^2 + a_3^2}$ für den Betrag des Vektors $\vec{a} = \begin{pmatrix} a_1 \\ a_2 \\ a_3 \end{pmatrix}$.

Teilaufgabe 2

Nutzen Sie zur Darstellung des Graphen der Funktion f folgende Zusammenhänge:

- zwischen Nullstelle der Funktion f' und Extremstelle der Funktion f,
- zwischen Extremstelle der Funktion f' und Wendestelle der Funktion f,
- zwischen den Funktionswerten der Funktion f' und dem Anstieg/der Monotonie der Funktion f.

Teilaufgabe 3

Veranschaulichen Sie sich den Sachverhalt in einem Baumdiagramm.

Wenden Sie zur Berechnung der Wahrscheinlichkeiten die Pfadregeln an.

Teilaufgabe 4

Setzen Sie die Koordinaten der Geradengleichung in die Ebenengleichung ein.

Berechnen Sie mit dem ermittelten Parameterwert die Koordinaten des gesuchten Punktes.

$(-1 + r) - 5 \cdot (-7 + 3r) - 4 \cdot (-2 + 2r) = -2$

$-1 + r + 35 - 15r + 8 - 8r = -2$

$42 - 22r = -2$

$-22r = -44$

$r = 2$

Lösungen

1 *Vorbemerkung:* Als Lösung ist nur das Kreuz im jeweils richtigen Feld verlangt; im Folgenden sind zusätzlich Rechnungen und Begründungen für die richtige Antwort angegeben.

1.1 Richtige Antwort: Kreuz in Feld 2

$$D_f\text{: } \frac{1}{2}x + 4 \geq 0$$
$$x \geq -8, \quad x \in \mathbb{R}$$

1.2 Richtige Antwort: Kreuz in Feld 1

$$f'(x) = 2 \cdot (3x+4) \cdot 3$$
$$f'(x) = 6 \cdot (3x+4)$$
$$f'(x) = 18x + 24$$

1.3 Richtige Antwort: Kreuz in Feld 3

$$f(x) = x^5 - 4 + \frac{1}{x^5} = x^5 - 4 + x^{-5}$$

$$F(x) = \frac{1}{6}x^6 - 4x - \frac{1}{4}x^{-4} = \frac{1}{6}x^6 - 4x - \frac{1}{4x^4}$$

1.4 Richtige Antwort: Kreuz in Feld 2

$$P_a \text{ in E: } -2 + 2 \cdot 0 + 4a = 6$$
$$a = 2$$

1.5 Richtige Antwort: Kreuz in Feld 3

$$\left|\begin{pmatrix} 10 \\ -2 \\ m \end{pmatrix}\right| = \sqrt{10^2 + (-2)^2 + m^2} = 15$$
$$\sqrt{104 + m^2} = 15$$
$$104 + m^2 = 225$$
$$m^2 = 121$$
$$m = 11$$
$$(m = -11 \text{ entfällt, da } m > 0)$$

2 Begründung des Kurvenverlaufes (nicht verlangt):

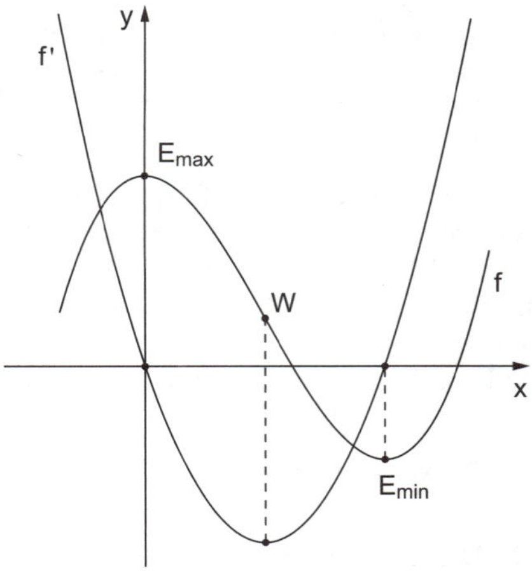

Die Nullstellen der Ableitungsfunktion f' sind die Extremstellen der Funktion f. Die Extremstelle der Ableitungsfunktion f' ist die Wendestelle der Funktion f.

In den Intervallen, in denen die Funktionswerte der Ableitungsfunktion f' positiv sind, ist die Funktion f monoton wachsend.
In dem Intervall, in dem die Funktionswerte der Ableitungsfunktion f' negativ sind, ist die Funktion f monoton fallend.

3 G … Bürger hat an der Grippeschutzimpfung teilgenommen
E … Bürger erkrankt

Baumdiagramm:

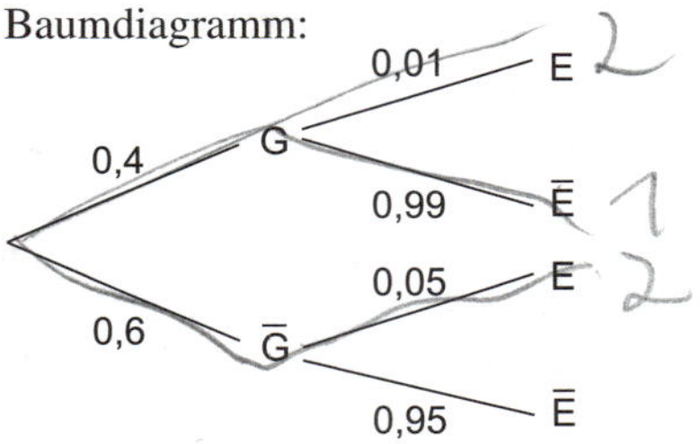

(1) $P(G \cap \overline{E}) = 0,4 \cdot 0,99 = \underline{\underline{0,396}}$

(2) $P(G \cap E) + P(\overline{G} \cap E) = 0,4 \cdot 0,01 + 0,6 \cdot 0,05$
$= 0,004 + 0,030$
$= \underline{\underline{0,034}}$

4 Einsetzen der Koordinaten von g in die Gleichung der Ebene E:

$$(-1+r) - 5(-7+3r) - 4(-2+2r) = -2$$
$$42 - 22r = -2$$
$$r = 2$$

r = 2 in Geradengleichung einsetzen:

$$\begin{pmatrix} -1 \\ -7 \\ -2 \end{pmatrix} + 2 \cdot \begin{pmatrix} 1 \\ 3 \\ 2 \end{pmatrix} = \begin{pmatrix} 1 \\ -1 \\ 2 \end{pmatrix} \Rightarrow \underline{\underline{D(1|-1|2)}}$$

Grundkurs Mathematik (Sachsen): Abiturprüfung 2010 (Nachtermin)
Teil B – Aufgabe 1

Für die erste Etappe einer Bergwanderung erstellt eine Wandergruppe das Höhenprofil der Wanderung. Das Höhenprofil kann in einem kartesischen Koordinatensystem (1 Längeneinheit entspricht 1 Kilometer) durch den Graphen der Funktion h mit $y = h(x) = -0{,}000075 \cdot x^5 + 0{,}005 \cdot x^3 + 0{,}525 \quad (x \in \mathbb{R}; -8{,}0 \le x \le 8{,}5)$ beschrieben werden.
Die Funktionswerte geben dabei die jeweilige Höhe über dem Meeresspiegel an.

1.1 Ermitteln Sie den Höhenunterschied zwischen dem tiefsten und dem höchsten Punkt dieser ersten Etappe in Meter.

Erreichbare BE-Anzahl: 3

1.2 Die Bergwanderung beginnt im Punkt $P(-8{,}0;\ h(-8{,}0))$.
Ein Wanderer behauptet, dass die größte Steigung auf dieser Etappe an der Stelle $x = 5{,}5$ sein wird.
Positionieren Sie sich zu dieser Behauptung und begründen Sie Ihre Meinung.

Erreichbare BE-Anzahl: 3

Die zweite Etappe der Bergwanderung führt in ein anderes Gebiet, welches in einem dreidimensionalen kartesischen Koordinatensystem (1 Längeneinheit entspricht 1 Kilometer) beschrieben wird.
Auf einem Hang befindet sich ein geradlinig verlaufender Lift, der die Talstation $T(2{,}0;\ 3{,}0;\ 0{,}6)$ mit der Bergstation $B(2{,}0;\ 6{,}0;\ 1{,}1)$ verbindet. Auf dem gleichen Hang befindet sich eine Hütte, deren Lage mit den Koordinaten $H(3{,}0;\ 4{,}0;\ 0{,}8)$ festgelegt ist.
Die Punkte B, T und H bestimmen eindeutig eine Ebene E, in welcher der Hang liegt.

1.3 Weisen Sie nach, dass die Ebene E durch die Gleichung $x + 5 \cdot y - 30 \cdot z = -1$ beschrieben werden kann.

Erreichbare BE-Anzahl: 2

1.4 Die Wanderer befinden sich an der Talstation T und möchten zur Hütte H wandern.
Berechnen Sie, in welchem Winkel zum Lift $\overline{TB}$ die Wanderer laufen müssen, wenn sie auf direktem Weg zur Hütte wandern wollen.
Ermitteln Sie die Zeit in Minuten, die die Wanderer von der Talstation T zur Hütte H benötigen, wenn ihre durchschnittliche Geschwindigkeit beim Wandern $3{,}0\ \frac{\text{km}}{\text{h}}$ beträgt.

Erreichbare BE-Anzahl: 5

1.5 Ein Rettungshubschrauber befindet sich zu einer bestimmten Zeit im Punkt $F(2{,}5;\ 3{,}0;\ 0{,}9)$.
Ermitteln Sie den Abstand des Rettungshubschraubers zum Hang zu dieser Zeit.

Erreichbare BE-Anzahl: 2

1.6 Die Sicht von der Hütte auf den Gipfel ist erfahrungsgemäß nur an einem Fünftel der Tage während der Hauptsaison gut.
Berechnen Sie, mit welcher Wahrscheinlichkeit man bei 14 Urlaubstagen in der Hauptsaison genau 3 Tage gute Sicht von der Hütte auf den Gipfel hat.
Ermitteln Sie, wie viele Tage man sich in der Hauptsaison mindestens an der Hütte aufhalten müsste, um mit einer Wahrscheinlichkeit von mindestens 99 % mindestens einen Tag gute Sicht auf den Gipfel zu haben.

Erreichbare BE-Anzahl: 4

1.7 Der Betreiber der Hütte veranstaltet ein Glücksspiel mit einem Glücksrad. Bei einer Drehung gewinnt der Spieler in 20 % aller Fälle ein Freigetränk im Wert von 2,80 €. Für jede Drehung verlangt der Betreiber der Hütte 1,00 €.
Ein Wanderer beschließt, so lange am Glücksrad zu drehen, bis er ein Freigetränk gewonnen hat, maximal jedoch drei Mal.
Untersuchen Sie, ob der Wanderer erwarten kann, dass sich diese Strategie für ihn lohnt.

Erreichbare BE-Anzahl: 4

Tipps und Hinweise

Teilaufgabe 1.1

- Bestimmen Sie mittels GTR die Koordinaten der Extrempunkte.
- Bestimmen Sie den Höhenunterschied als Differenz der Extremwerte.
- Beachten Sie, dass der Höhenunterschied in Meter angegeben werden muss.

Teilaufgabe 1.2

- Zur Lösung dieses Problems können Sie verschiedene Lösungswege wählen.

z. B. Weg 1: Bestimmen Sie die Maximumstelle der Ableitungsfunktion h' und vergleichen Sie diese mit der gegebenen Stelle $x = 5{,}5$.

oder Weg 2: Untersuchen Sie die Ableitungsfunktion mittels TRACE im GRAPH-Menü und finden Sie Stellen mit einer größeren Steigung als an der gegebenen Stelle $x = 5{,}5$.

Teilaufgabe 1.3

- Zum Nachweis der Ebenengleichung können Sie mittels Punktprobe zeigen, dass die Punkte T, B und H die Ebenengleichung erfüllen, oder Sie stellen die Ebenengleichung in Parameterform auf und wandeln diese in parameterfreie Form um.

Teilaufgabe 1.4

- Nutzen Sie zur Berechnung des Winkels die Formel zur Berechnung eines Winkels zwischen zwei Vektoren, in diesem Fall den Vektoren $\overrightarrow{TB}$ und $\overrightarrow{TH}$.

Für die Berechnung der benötigten Zeit verwenden Sie die Formel $v = \frac{s}{t}$, wobei s die Länge des Vektors $\overrightarrow{TH}$ ist.

Beachten Sie, dass die Zeitangabe in Minuten erfolgen muss.

Teilaufgabe 1.5

Bestimmen Sie den Abstand Punkt–Ebene mit einem geeigneten GTR-Programm.

Teilaufgabe 1.6

Wählen Sie für die Wahrscheinlichkeit eine geeignete Zufallsgröße X, z. B. „Anzahl der Tage mit guter Sicht zum Gipfel". Diese Zufallsgröße X ist binomialverteilt mit den Parametern $n = 14$ und $p = 0{,}2$.

Berechnen Sie die Wahrscheinlichkeit für $X = 3$.

Nutzen Sie zur Berechnung der Mindestzahl der Tage folgenden Zusammenhang: $P(\text{mindestens ein Erfolg}) = 1 - P(\text{kein Erfolg}) \geq 0{,}99$.

Teilaufgabe 1.7

Veranschaulichen Sie sich den Zufallsversuch in einem Baumdiagramm.

Wählen Sie eine geeignete Zufallsgröße X, z. B. „Gewinn in €". Erstellen Sie für diese Zufallsgröße eine Verteilungstabelle.

Berechnen Sie den Erwartungswert dieser Zufallsgröße.

Interpretieren Sie das Ergebnis.

Lösungen

1.1 Höhenunterschied Δh:

$\Delta h = h(x_{max}) - h(x_{min})$

$\Delta h \approx 1{,}031 - 0{,}019$

$\Delta h \approx 1{,}012$

Der Höhenunterschied zwischen dem höchsten und dem tiefsten Punkt der ersten Etappe beträgt ca. 1 012 m.

Die Lösung bestimmt man mit dem GTR, indem man z. B. den Graphen von h im GRAPH-Menü zeichnen lässt und die Funktionswerte der Extrempunkte abliest.

1.2 $h'(x) = -0{,}000375x^4 + 0{,}015x^2 \quad (x \in \mathbb{R}; -8{,}0 \leq x \leq 8{,}5)$

Man bestimmt das Maximum der Steigung, indem man die Funktion h' im GRAPH-Menü zeichnen lässt und die Extremstellen der Maximumpunkte abliest:

$x_{max_1} \approx -4{,}5 \quad$ und $\quad x_{max_2} \approx 4{,}5$

Die Behauptung ist falsch. Die größte Steigung auf der Etappe ist an den Stellen $-4{,}5$ und $+4{,}5$.

Man kann die Steigung der Funktion h auch im GRAPH-Menü mittels TRACE untersuchen und so die Behauptung durch Angabe von Stellen mit größerer Steigung widerlegen.

1.3 Nachweis der Ebenengleichung

Weg 1: Punktprobe

B in E: $2{,}0+5\cdot 6{,}0-30\cdot 1{,}1=-1 \;\Rightarrow\;$ wahre Aussage
T in E: $2{,}0+5\cdot 3{,}0-30\cdot 0{,}6=-1 \;\Rightarrow\;$ wahre Aussage
H in E: $3{,}0+5\cdot 4{,}0-30\cdot 0{,}8=-1 \;\Rightarrow\;$ wahre Aussage

Weg 2: Erstellen der Ebenengleichung

$$E_{TBH}\colon\; \vec{x}=\begin{pmatrix}2{,}0\\3{,}0\\0{,}6\end{pmatrix}+r\begin{pmatrix}0{,}0\\3{,}0\\0{,}5\end{pmatrix}+s\begin{pmatrix}1{,}0\\1{,}0\\0{,}2\end{pmatrix}\quad (r,s\in\mathbb{R})$$

Umwandlung in parameterfreie Form mittels GTR:

$E_{TBH}\colon\; x+5y-30z=-1 \;\Rightarrow\;$ entspricht E

Damit ist gezeigt, dass die Ebene durch die gegebene Gleichung beschrieben werden kann.

1.4 $\overrightarrow{TB}=\begin{pmatrix}0{,}0\\3{,}0\\0{,}5\end{pmatrix}$ $\qquad$ $\overrightarrow{TH}=\begin{pmatrix}1{,}0\\1{,}0\\0{,}2\end{pmatrix}$

$|\overrightarrow{TB}|=\sqrt{9{,}25}$ $\qquad$ $|\overrightarrow{TH}|=\sqrt{2{,}04}$

$$\cos\sphericalangle(\overrightarrow{TB};\overrightarrow{TH})=\frac{\overrightarrow{TB}\circ\overrightarrow{TH}}{|\overrightarrow{TB}|\cdot|\overrightarrow{TH}|}=\frac{3{,}1}{\sqrt{9{,}25}\cdot\sqrt{2{,}04}}$$

$$\underline{\underline{\sphericalangle(\overrightarrow{TB};\overrightarrow{TH})\approx 44{,}5^\circ}}$$

Die Wanderer müssen in einem Winkel von $\underline{\underline{44{,}5^\circ}}$ zum Lift laufen.

Der Winkel kann auch mit einem geeigneten GTR-Programm bestimmt werden.

Für die Geschwindigkeit gilt die Gleichung: $v=\frac{s}{t}$

$s=|\overrightarrow{TH}|$ … zurückgelegter Weg
t … benötigte Zeit

$\Rightarrow\; t=\frac{s}{v}$

$$\Rightarrow \quad t = \frac{\sqrt{2{,}04}\ \text{km}}{3{,}0\ \frac{\text{km}}{\text{h}}}$$

$$t \approx 0{,}48\ \text{h}$$

$$\underline{\underline{t \approx 29\ \text{min}}}$$

Die Wanderer benötigen ca. 29 min bis zur Hütte.

1.5 d … Abstand des Punktes F zur Ebene E

$\underline{d \approx 0{,}280}$

Der Rettungshubschrauber hat einen Abstand von ca. 280 m zum Hang.

Die Lösung bestimmt man mit einem geeigneten GTR-Programm.

1.6 X … Anzahl der Tage mit guter Sicht zum Gipfel
(X ist binomialverteilt mit $n = 14$, $p = 0{,}2$)

$P(X = 3) \approx \underline{\underline{0{,}2501}}$

$$\begin{aligned} P(X \geq 1) = 1 - P(X = 0) &\geq 0{,}99 \\ P(X = 0) &\leq 0{,}01 \\ 0{,}8^n &\leq 0{,}01 \\ n &\geq 20{,}6 \end{aligned}$$

$\Rightarrow$ Man muss sich mindestens 21 Tage auf der Hütte aufhalten.

1.7 D … Drink gewonnen

Baumdiagramm:

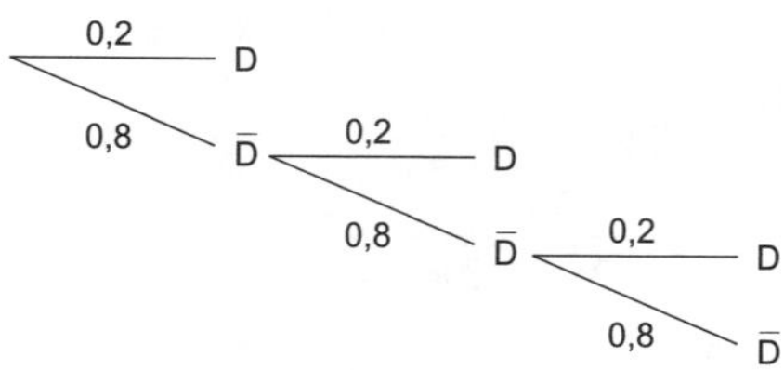

X … Gewinn in € (Auszahlung – Einzahlung)

Anzahl der Drehungen	1	2	3	3
x_i	1,80	0,80	−0,20	−3,00
$P(X = x_i)$	0,2	$0{,}8 \cdot 0{,}2$	$0{,}8^2 \cdot 0{,}2$	$0{,}8^3$

$$E(X) = 1{,}80 \cdot 0{,}2 + 0{,}80 \cdot 0{,}8 \cdot 0{,}2 - 0{,}20 \cdot 0{,}8^2 \cdot 0{,}2 - 3{,}00 \cdot 0{,}8^3$$

$$\underline{E(X) = -1{,}07 < 0}$$

Die gewählte Strategie lohnt sich nicht für den Wanderer, da der Erwartungswert für den Gewinn negativ ist.

Grundkurs Mathematik (Sachsen): Abiturprüfung 2010 (Nachtermin)
Teil B – Aufgabe 2

Eine Schüssel mit achsensymmetrischer Querschnittsfläche hat einen Außendurchmesser von 14,0 cm und eine Höhe von 4,0 cm. Die Breite des oberen Randes beträgt 0,5 cm. Im tiefsten Punkt der Schüssel ist das Material 1,0 cm dick.
In der Abbildung 1 ist der Querschnitt dieser Schüssel in einem kartesischen Koordinatensystem (1 Längeneinheit entspricht 1 Zentimeter) dargestellt. Die Querschnittsfläche wird begrenzt durch die Graphen der quadratischen Funktionen f und g sowie durch zwei zur x-Achse parallele Strecken.

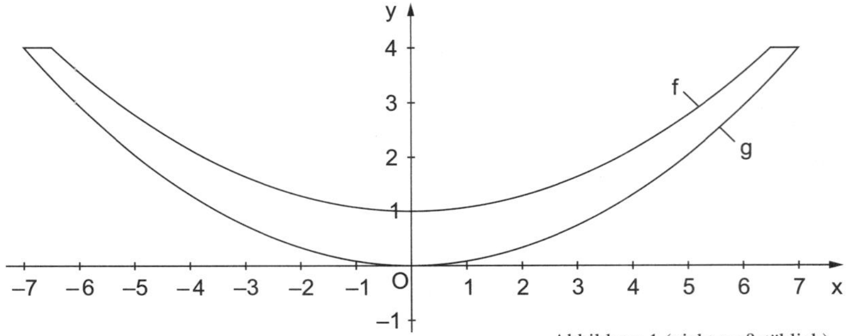

Abbildung 1 (nicht maßstäblich)

2.1 Zeigen Sie, dass die Funktion g durch die Gleichung

$g(x) = \frac{4}{49} \cdot x^2 \quad (x \in \mathbb{R}; -7{,}0 \leq x \leq 7{,}0)$ beschrieben werden kann.

Ermitteln Sie eine Gleichung der Funktion f.
Bestimmen Sie den Inhalt der Querschnittsfläche.

Erreichbare BE-Anzahl: 6

2.2 Die Aufbewahrung dieser Schüsseln erfolgt in einem Regal aus zwei Brettern (siehe Abbildung 2).
Diese Bretter berühren eine Schüssel in den Punkten B_1 und B_2, die jeweils 2,0 cm höher als der tiefste Punkt der Schüssel liegen.

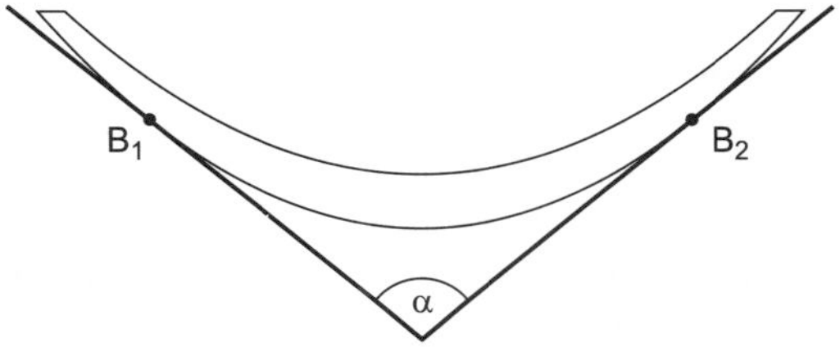

Abbildung 2 (nicht maßstäblich)

Ermitteln Sie die Größe des Öffnungswinkels α zwischen den Brettern des Regals.

Erreichbare BE-Anzahl: 4

2.3 Der Hersteller der Schüsseln gibt an, dass 90 % aller produzierten Schüsseln keine Mängel aufweisen. Ein Restaurant kauft viele Schüsseln von diesem Hersteller. Bei Anlieferung wird eine Stichprobe von 8 Schüsseln entnommen und auf Mängel untersucht. Das Restaurant nimmt die Lieferung nur an, wenn sich in dieser Stichprobe maximal eine Schüssel mit Mängeln befindet.
Berechnen Sie die Wahrscheinlichkeit dafür, dass die Lieferung durch das Restaurant abgelehnt wird.

Erreichbare BE-Anzahl: 2

2.4 Zum Transport des Geschirrs wird in dem Restaurant ein Förderband genutzt, das aus drei geradlinigen Abschnitten besteht.
Dieses Förderband hat von der Seite betrachtet den in der Abbildung 3 dargestellten Verlauf.

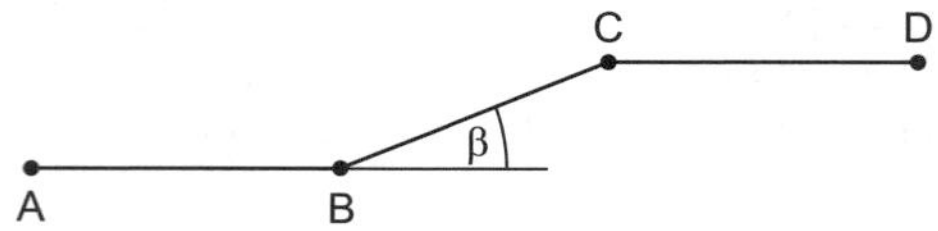

Abbildung 3 (nicht maßstäblich)

In einem kartesischen Koordinatensystem (1 Längeneinheit entspricht 1 Meter) besitzen die Punkte folgende Koordinaten:
$A(3{,}0;\ 2{,}0;\ -1{,}0)$, $B(-1{,}0;\ 5{,}0;\ -1{,}0)$, $C(-7{,}0;\ 9{,}0;\ 0{,}5)$ und $D(-11{,}0;\ 12{,}0;\ 0{,}5)$.

Zeigen Sie, dass die Punkte A, B, C und D in einer Ebene liegen.
Geben Sie die Länge des mittleren Abschnittes des Bandes an.
Ermitteln Sie die Größe des Winkels β.

Erreichbare BE-Anzahl: 5

2.5 Die Herstellerfirma der Schüsseln hat für die Herstellungskosten näherungsweise die Funktion K mit
$K(w) = 0{,}185 \cdot w^5 - 7{,}43 \cdot w^4 + 136{,}2 \cdot w^3 - 975{,}2 \cdot w^2 + 3\,262{,}7 \cdot w + 1\,280$
ermittelt.
Dabei ist w die produzierte Warenmenge in 1 000 Stück und K gibt die Herstellungskosten in Euro an.
Die Firma geht bei ihren Berechnungen davon aus, dass die produzierte Warenmenge w vollständig verkauft wird. Dabei erzielt die Firma einen Verkaufserlös V (in Euro) von $V(w) = 2\,000 \cdot w$.

Geben Sie die Herstellungskosten und den Verkaufserlös der Firma bei 1 500 produzierten und verkauften Schüsseln an.
Ermitteln Sie, in welchem Intervall die produzierte und verkaufte Warenmenge liegen muss, damit die Firma mit Gewinn arbeitet.
Geben Sie an, für welche produzierte und verkaufte Warenmenge der Betrieb den höchsten Gewinn erzielt.

Erreichbare BE-Anzahl: 5

Tipps und Hinweise

Teilaufgabe 2.1

- Zum Nachweis der Gültigkeit der Gleichung der Funktion g zeigen Sie, dass $g(0)=0$ und $g(-7)=g(7)=4$ gilt, oder erstellen Sie die Funktionsgleichung aus diesen bekannten Bedingungen.
- Gehen Sie zum Erstellen der Gleichung der Funktion f von der allgemeinen Form der achsensymmetrischen quadratischen Funktion $f(x)=ax^2+c$ aus.
- Nutzen Sie die y-Koordinate des Scheitelpunktes zur Angabe von c.
- Bestimmen Sie den Parameter a z. B. durch Nutzung der Beziehung $f(-6{,}5)=f(6{,}5)=4$.
- Für die Flächenberechnung können Sie folgenden Ansatz nutzen:

$$A=\int_{-7}^{7}(4-g(x))\,dx-\int_{-6,5}^{6,5}(4-f(x))\,dx$$

- Berechnen Sie den Flächeninhalt mit einem geeigneten GTR-Programm.

Teilaufgabe 2.2

- Bestimmen Sie die Berührungsstellen x_B unter Nutzung der Beziehung $g(x_B)=2$.
- Bestimmen Sie den Anstiegswinkel β der Tangente im Punkt B_2.
- Für den gesuchten Winkel α gilt: $\alpha=180°-2\beta$

Teilaufgabe 2.3

- Wählen Sie für die Wahrscheinlichkeit eine geeignete Zufallsgröße X, z. B. „Anzahl der Schüsseln mit Mängeln“. Diese Zufallsgröße X ist binomialverteilt mit den Parametern $n=8$ und $p=0{,}1$.
- Berechnen Sie die Wahrscheinlichkeit für $X\leq 1$.
- Diese Wahrscheinlichkeit müssen Sie noch von 1 subtrahieren, da die Wahrscheinlichkeit für die Ablehnung der Lieferung gesucht ist (oder Sie bestimmen sofort die Wahrscheinlichkeit für $X\geq 2$).

Teilaufgabe 2.4

- Erstellen Sie eine Gleichung der Ebene E_{ABC} und zeigen Sie, dass auch der Punkt D in dieser Ebene liegt.
- Bestimmen Sie für die Länge des mittleren Abschnittes den Betrag des Vektors $\overrightarrow{BC}$.
- Die Größe des Winkels β lässt sich als Größe des Winkels zwischen den Vektoren $\overrightarrow{BC}$ und $\overrightarrow{AB}$ berechnen.

Teilaufgabe 2.5

Die Herstellungskosten und der Verkaufserlös bei 1 500 Schüsseln sind die Funktionswerte K(1,5) und V(1,5).

Erstellen Sie die Gewinnfunktion $G(w)=V(w)-K(w)$ und ermitteln Sie mittels GTR den Bereich, in dem die Werte dieser Funktion positiv sind.

Die Warenmenge mit dem höchsten Gewinn entspricht der Extremstelle der Gewinnfunktion.

Lösungen

2.1 $g(x)=\frac{4}{49}\cdot x^2$

$g(0)=0 \quad \Rightarrow \quad S_y(0;\, 0)$

$g(-7{,}0)=g(7{,}0)=4 \quad \hat{=} \quad h=4{,}0\text{ cm} \text{ für } d=14\text{ cm}$

Damit ist gezeigt, dass die Funktion g durch die gegebene Gleichung beschrieben wird.

Gleichung der Funktion f:

$f(x)=ax^2+c$

mit $S_y(0;\, 1)$ folgt $c=1$

und $f(6{,}5)=4=a\cdot 6{,}5^2+1$

$a=\frac{12}{169}$

$\Rightarrow \quad \underline{\underline{f(x)=\frac{12}{169}x^2+1}}$

Flächeninhalt der Querschnittsfläche:

$$A=\int_{-7}^{7}(4-g(x))\,dx-\int_{-6{,}5}^{6{,}5}(4-f(x))\,dx$$

$A=37\frac{1}{3}-26=\underline{11\frac{1}{3}}$

Der Inhalt der Querschnittsfläche beträgt $\underline{\underline{11\frac{1}{3}\text{ cm}^2}}$.

Die Lösung bestimmt man mit einem geeigneten GTR-Programm.

2.2 $B_1(x_1; g(x_1)=2)$ und $B_2(x_2; g(x_2)=2)$

Man lässt z. B. den Graphen der Funktion g im GRAPH-Menü zeichnen und liest die Stellen x ab, an denen $g(x)=2$ ist:

$\Rightarrow$ $B_1(-4{,}9; 2)$ und $B_2(4{,}9; 2)$

$\Rightarrow$ $\underline{x_1=-4{,}9}$ und $\underline{x_2=4{,}9}$

Man kann diese Stellen x auch berechnen:

$$g(x)=\frac{4}{49}x^2=2$$

$$\underline{x_{1,2}=\pm\sqrt{\frac{49}{2}}=\pm\frac{7}{2}\sqrt{2}}$$

Größe des Öffnungswinkels α:

Skizze:

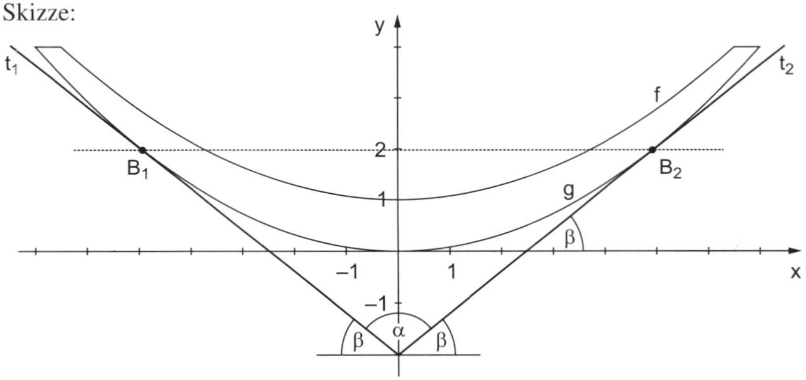

$$\tan\beta=m_{t_2}=g'\left(\frac{7}{2}\sqrt{2}\right)\quad\text{mit}\quad g'(x)=\frac{8}{49}x$$

folgt: $\tan\beta=\frac{8}{49}\cdot\frac{7}{2}\sqrt{2}$

$\beta\approx 39°$

$\Rightarrow$ $\alpha=180°-2\beta$

$\underline{\underline{\alpha\approx 102°}}$

Der Öffnungswinkel zwischen den Brettern des Regals beträgt $\underline{\underline{\text{ca. }102°}}$.

2.3 X … Anzahl der Schüsseln mit Mängeln
(X ist binomialverteilt mit $n=8$, $p=0{,}1$)

$P(X\le 1)\approx 0{,}8131$

Die Lieferung wird mit einer Wahrscheinlichkeit von $1-P(X\le 1)\approx\underline{\underline{0{,}1869}}$ abgelehnt.

2.4 $E_{ABC}\colon\ \vec{x} = \begin{pmatrix} 3{,}0 \\ 2{,}0 \\ -1{,}0 \end{pmatrix} + r \begin{pmatrix} -4{,}0 \\ 3{,}0 \\ 0{,}0 \end{pmatrix} + s \begin{pmatrix} -10{,}0 \\ 7{,}0 \\ 1{,}5 \end{pmatrix} \quad (r, s \in \mathbb{R})$

$E_{ABC}\colon\ 9x + 12y + 4z = 47$

Einsetzen des Punktes D in die Gleichung der Ebene E_{ABC}:

$9 \cdot (-11{,}0) + 12 \cdot 12{,}0 + 4 \cdot 0{,}5 = 47$

$47 = 47 \quad \text{w. A.}$

Damit ist gezeigt, dass die Punkte A, B, C und D in einer Ebene liegen.

$|\overrightarrow{BC}| = \left| \begin{pmatrix} -6{,}0 \\ 4{,}0 \\ 1{,}5 \end{pmatrix} \right| = \sqrt{(-6{,}0)^2 + 4{,}0^2 + 1{,}5^2} = \sqrt{54{,}25} \approx \underline{\underline{7{,}4}}$

Der mittlere Abschnitt ist <u>ca. 7,4 m</u> lang.

$\cos\beta = \dfrac{\overrightarrow{AB} \circ \overrightarrow{BC}}{|\overrightarrow{AB}| \cdot |\overrightarrow{BC}|} \quad \text{mit } \overrightarrow{AB} = \begin{pmatrix} -4{,}0 \\ 3{,}0 \\ 0{,}0 \end{pmatrix} \text{ und } |\overrightarrow{AB}| = 5$

$\cos\beta = \dfrac{24{,}0 + 12{,}0}{5 \cdot \sqrt{54{,}25}}$

$\underline{\underline{\beta \approx 12{,}2^\circ}}$

Der Winkel β hat eine Größe von <u>ca. 12,2°</u>.

Den Winkel β kann man auch mit einem geeigneten GTR-Programm bestimmen.

2.5 Herstellungskosten bei 1 500 produzierten Schüsseln: $K(1{,}5) \approx \underline{\underline{4\,403\ €}}$

Verkaufserlös bei 1 500 verkauften Schüsseln: $V(1{,}5) = \underline{\underline{3\,000\ €}}$

Gewinnfunktion: $G(w) = V(w) - K(w)$

Durch Darstellung der Gewinnfunktion G(w) im GRAPH-Menü des GTR kann man die folgenden Aufgabenstellungen lösen.

Nullstellen der Funktion G(w):

$w_{N_1} \approx -0{,}653 \qquad w_{N_2} \approx 2{,}631 \qquad w_{N_3} \approx 11{,}161$

Da im Intervall $\underline{\underline{2{,}631 \le w \le 11{,}161}}$ die Funktionswerte der Gewinnfunktion ≥ 0 sind, arbeitet die Firma in diesem Bereich (also für 2 631 bis 11 161 produzierte und verkaufte Schüsseln) mit Gewinn.

Beachten Sie: produzierte Warenmenge w in 1 000 Schüsseln

Maximumpunkt: $E_{Max}(7{,}490;\ 5\,764{,}26)$

Der höchste Gewinn ist bei <u>7,490</u> (in 1 000 Schüsseln), also 7 490 Schüsseln.

Grundkurs Mathematik (Sachsen): Abiturprüfung 2011
Teil A (ohne Rechenhilfsmittel)

1 In den Aufgaben 1.1 bis 1.5 ist von den jeweils fünf Auswahlmöglichkeiten genau eine Antwort richtig. Kreuzen Sie das jeweilige Feld an.

1.1 Welchen Anstieg besitzt der Graph der Funktion f mit $f(x) = x^2 + e^x \quad (x \in \mathbb{R})$ an der Stelle $x = 1$?

☐	☐	☐	☐	☐
0	$1 + e$	$2 + e$	$2 + 2 \cdot e$	$2 + e^2$

1.2 Wie viele Lösungen besitzt die Gleichung $x \cdot (2 \cdot x^2 + 1) = 0$ im Bereich der reellen Zahlen?

☐	☐	☐	☐	☐
0	1	2	3	4

1.3 Gegeben sind der Vektor $\overrightarrow{AB} = \begin{pmatrix} -2 \\ -4 \\ 1 \end{pmatrix}$ und der Punkt $B(-4\,|\,1\,|\,1)$.

Der Punkt A besitzt dementsprechend die Koordinaten:

☐	☐	☐	☐	☐
$A(-6\,|\,-3\,|\,2)$	$A(-6\,|\,5\,|\,-2)$	$A(-2\,|\,-4\,|\,2)$	$A(-2\,|\,5\,|\,0)$	$A(2\,|\,-5\,|\,0)$

1.4 Gegeben ist die Gerade g durch g: $\vec{x} = \begin{pmatrix} 1 \\ -2 \\ 3 \end{pmatrix} + t \cdot \begin{pmatrix} 1 \\ -1 \\ 2 \end{pmatrix} \quad (t \in \mathbb{R})$.

Die Gerade h schneidet die Gerade g senkrecht.
Welcher der angegebenen Vektoren ist ein Richtungsvektor der Geraden h?

☐	☐	☐	☐	☐
$\begin{pmatrix} -1 \\ 1 \\ -2 \end{pmatrix}$	$\begin{pmatrix} 1 \\ -1 \\ 2 \end{pmatrix}$	$\begin{pmatrix} -1 \\ 2 \\ -3 \end{pmatrix}$	$\begin{pmatrix} 3 \\ 0 \\ -1 \end{pmatrix}$	$\begin{pmatrix} 0 \\ 2 \\ 1 \end{pmatrix}$

1.5 Beim einmaligen Werfen einer Münze fällt „Wappen“ mit der Wahrscheinlichkeit $\frac{3}{5}$ und „Zahl“ mit der Wahrscheinlichkeit $\frac{2}{5}$. Die Münze wird genau zweimal geworfen.
Wie groß ist die Wahrscheinlichkeit dafür, dass dabei genau einmal „Wappen“ fällt?

☐	☐	☐	☐	☐
$\frac{6}{25}$	$\frac{12}{25}$	$\frac{3}{5}$	$\frac{18}{25}$	1

Erreichbare BE-Anzahl: 5

2 Die nebenstehende Abbildung zeigt den Graphen der ersten Ableitungsfunktion f' einer Funktion f. Die Eigenschaften der Funktion f im Intervall $-2 \leq x \leq 4$ $(x \in \mathbb{R})$ können aus dieser Abbildung ermittelt werden.

Geben Sie eine lokale Extremstelle der Funktion f im Intervall $-2 \leq x \leq 4$ $(x \in \mathbb{R})$ an.

Begründen Sie die Art des zugehörigen lokalen Extremums.

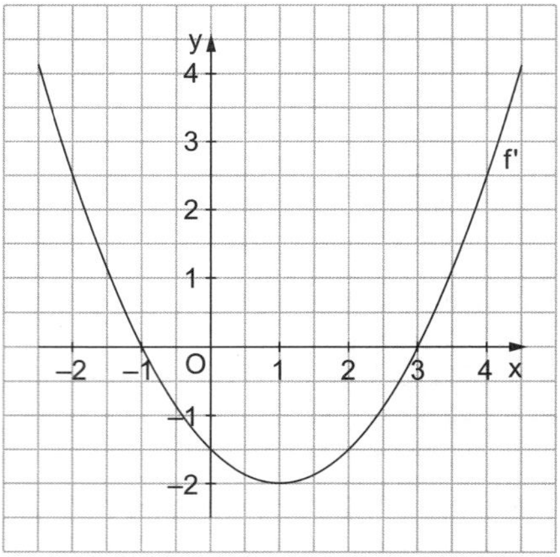

Erreichbare BE-Anzahl: 2

3 Gegeben ist die Funktion f durch $f(x) = x \cdot (1 - x)$ $(x \in \mathbb{R})$.
Der Graph der Funktion f und die x-Achse begrenzen eine Fläche vollständig.

Berechnen Sie den Inhalt dieser Fläche.

Erreichbare BE-Anzahl: 3

4 Die Geraden g und h mit g: $\vec{x} = \begin{pmatrix} 1 \\ -1 \\ 4 \end{pmatrix} + t \cdot \begin{pmatrix} 1 \\ 3 \\ -2 \end{pmatrix}$ $(t \in \mathbb{R})$ und h: $\vec{x} = \begin{pmatrix} 1 \\ 5 \\ 4 \end{pmatrix} + r \cdot \begin{pmatrix} -1 \\ 3 \\ 2 \end{pmatrix}$ $(r \in \mathbb{R})$ schneiden sich im Punkt S.

Berechnen Sie die Koordinaten des Punktes S.

Erreichbare BE-Anzahl: 3

5 In einer Urne befinden sich ausschließlich rote und blaue Kugeln. Es wird genau zweimal eine Kugel mit Zurücklegen aus dieser Urne gezogen. Dabei beträgt die Wahrscheinlichkeit für das Ziehen mindestens einer blauen Kugel $\frac{95}{144}$.

Ermitteln Sie die Wahrscheinlichkeit dafür, dass beim einmaligen Ziehen aus dieser Urne eine rote Kugel gezogen wird.

Erreichbare BE-Anzahl: 2

Tipps und Hinweise

Teilaufgabe 1.1

- Berechnen Sie die 1. Ableitung der Funktion f an der Stelle $x = 1$.

Teilaufgabe 1.2

- Setzen Sie die einzelnen Faktoren des Produkts gleich null.
- Beachten Sie, dass die Gleichung $x^2 = -\frac{1}{2}$ keine reelle Lösung besitzt.

Teilaufgabe 1.3

- Für die Koordinaten des Vektors $\overrightarrow{AB}$ gilt: $\overrightarrow{AB} = \begin{pmatrix} x_B - x_A \\ y_B - y_A \\ z_B - z_A \end{pmatrix}$.
- Setzen Sie die Koordinaten des Vektors $\overrightarrow{AB}$ und die Punktkoordinaten des Punktes B ein und berechnen Sie zeilenweise die Koordinaten des Punktes A.

Teilaufgabe 1.4

- Beachten Sie, dass zwei Geraden senkrecht zueinander verlaufen, wenn das Skalarprodukt ihrer Richtungsvektoren null ergibt.
- Berechnen Sie jeweils das Skalarprodukt aus dem Richtungsvektor der Geraden g und den möglichen Richtungsvektoren der Geraden h.

Teilaufgabe 1.5

- Stellen Sie den Sachverhalt in einem Baumdiagramm dar.
- Wählen Sie die Pfade aus, die für den Versuchsausgang günstig sind, und wenden Sie die Pfadregeln für mehrstufige Zufallsversuche an.

Teilaufgabe 2

- Nutzen Sie für die Angabe der Extremstelle den Zusammenhang zwischen Nullstelle der Ableitungsfunktion f' und Extremstelle der Funktion f.
- Begründen Sie die Art des zugehörigen lokalen Extremums entweder
  (1) mithilfe des Vorzeichenwechsels der Funktionswerte der Ableitungsfunktion f' an der Nullstelle und damit dem Monotoniewechsel der Funktion f an der Extremstelle oder
  (2) mit dem Anstieg der Ableitungsfunktion f' in der Umgebung der Nullstelle und damit dem Vorzeichen der 2. Ableitung als Anstieg der 1. Ableitungsfunktion an der Nullstelle.

Teilaufgabe 3

- Berechnen Sie die Nullstellen der Funktion f.
- Berechnen Sie den Flächeninhalt der gesuchten Fläche mit dem Hauptsatz der Differenzial- und Integralrechnung: $A = \int_a^b f(x)\,dx = [F(x)]_a^b$

- Setzen Sie für a und b die Nullstellen der Funktion f ein.
- Wenn Sie das Integral in Betragsstriche setzen, ersparen Sie sich die Untersuchung der Lage des Flächenstücks.

Teilaufgabe 4

- Setzen Sie die beiden Geradengleichungen gleich.
- Berechnen Sie den Wert eines Parameters mit einem geeigneten Lösungsverfahren.
- Setzen Sie den berechneten Parameterwert in die entsprechende Geradengleichung ein und ermitteln Sie die Koordinaten des Punktes S.

Teilaufgabe 5

- Stellen Sie den Sachverhalt in einem Baumdiagramm dar. Wählen Sie für die Wahrscheinlichkeit des Ziehens einer roten Kugel p.
- Wählen Sie die Pfade aus, die zur gegebenen Wahrscheinlichkeit gehören.
- Zum Berechnen der Wahrscheinlichkeit p ist es sinnvoll, das Gegenereignis zu wählen.
- Lösen Sie die Gleichung $P(rr) = 1 - \frac{95}{144} = p^2$.

Lösungen

1 *Vorbemerkung:* Als Lösung ist nur das Kreuz im jeweils richtigen Feld verlangt; im Folgenden sind zusätzlich Rechnungen und Begründungen für die richtige Antwort angegeben.

1.1 Richtige Antwort: Kreuz in Feld 3

$$f'(x) = 2x + e^x$$
$$f'(1) = 2 + e$$

1.2 Richtige Antwort: Kreuz in Feld 2

$$x \cdot (2 \cdot x^2 + 1) = 0$$
$$x_1 = 0 \quad \text{oder} \quad 2 \cdot x^2 + 1 = 0$$
$$x^2 = -\frac{1}{2} \quad \Rightarrow \quad \text{keine Lösung für } x \in \mathbb{R}$$

Somit hat die Gleichung nur eine Lösung.

1.3 Richtige Antwort: Kreuz in Feld 4

$$\overrightarrow{AB} = \begin{pmatrix} -2 \\ -4 \\ 1 \end{pmatrix} = \begin{pmatrix} x_B - x_A \\ y_B - y_A \\ z_B - z_A \end{pmatrix} = \begin{pmatrix} -4 - x_A \\ 1 - y_A \\ 1 - z_A \end{pmatrix} \Rightarrow A(-2|5|0)$$

1.4 Richtige Antwort: Kreuz in Feld 5

$g \perp h$ gdw. $\vec{a}_g \circ \vec{a}_h = 0$

$$\begin{pmatrix} 1 \\ -1 \\ 2 \end{pmatrix} \circ \begin{pmatrix} a_x \\ a_y \\ a_z \end{pmatrix} = a_x - a_y + 2a_z = 0$$

Diese Aussage ist für $\vec{a}_h = \begin{pmatrix} 0 \\ 2 \\ 1 \end{pmatrix}$ wahr.

1.5 Richtige Antwort: Kreuz in Feld 2

$$P(WZ; ZW) = \frac{3}{5} \cdot \frac{2}{5} + \frac{2}{5} \cdot \frac{3}{5} = \frac{12}{25}$$

Baumdiagramm:

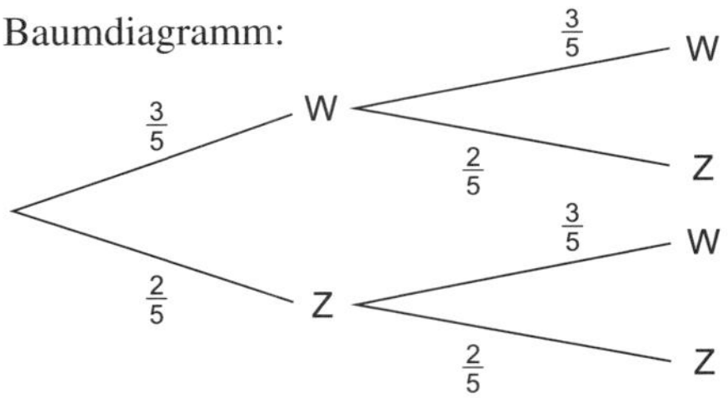

2 Die Funktion f hat im Intervall $-2 \leq x \leq 4$ zwei lokale Extremstellen, da die Ableitungsfunktion f' zwei Nullstellen besitzt: $x_{E_1} = -1$ und $x_{E_2} = 3$

An der Stelle $x_{E_1} = -1$ hat die Funktion f ein lokales Maximum, da die Funktionswerte der Ableitungsfunktion f' an dieser Stelle von positiven zu negativen Werten wechseln, der Monotoniewechsel der Funktion f an der Stelle $x_{E_1} = -1$ somit von wachsend zu fallend erfolgt.
Da die Ableitungsfunktion in der Umgebung der Stelle $x_{E_1} = -1$ monoton fallend ist, ist die 2. Ableitung als Maß der Steigung der Funktion f' an dieser Stelle negativ. Dieses Kriterium bestätigt ebenfalls das lokale Maximum.

An der Stelle $x_{E_2} = 3$ besitzt die Funktion f ein lokales Minimum. Die Funktionswerte der Ableitungsfunktion f' wechseln an dieser Stelle von negativ zu positiv, damit wechselt die Monotonie der Funktion f von fallend zu steigend.
Außerdem ist die Ableitungsfunktion in der Umgebung der Stelle $x_{E_2} = 3$ monoton wachsend und somit die 2. Ableitung an dieser Stelle positiv.

Laut Aufgabenstellung ist nur eine Extremstelle gesucht.

3 Nullstellen: $f(x_N) = 0 = x_N \cdot (1 - x_N)$

$x_{N_1} = 0$

$x_{N_2} = 1$

Skizze:

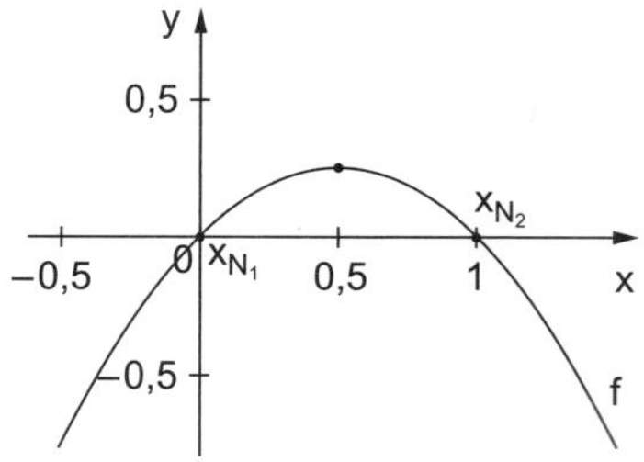

Flächeninhalt: $A = \int_0^1 f(x)\,dx$

$$A = \int_0^1 (x - x^2)\,dx$$

$$A = \left[\frac{x^2}{2} - \frac{x^3}{3}\right]_0^1 = \left(\frac{1}{2} - \frac{1}{3}\right) - 0$$

$$\underline{\underline{A = \frac{1}{6}}}$$

Der Inhalt der Fläche beträgt $\underline{\underline{\frac{1}{6}\text{ FE}}}$.

4 Schnittpunkt S: $g = h$

$$\begin{array}{llll} \text{I} & 1 + t = 1 - r & \Big| \cdot 3 \\ \text{II} & -1 + 3t = 5 + 3r & \downarrow \\ \underline{\text{III}} & \underline{4 - 2t = 4 + 2r} & \\ & 2 + 6t = 8 & \\ & t = 1 & \end{array}$$

$t = 1$ in die Gleichung der Geraden g einsetzen:

$$\begin{pmatrix} 1 \\ -1 \\ 4 \end{pmatrix} + 1 \cdot \begin{pmatrix} 1 \\ 3 \\ -2 \end{pmatrix} = \begin{pmatrix} 2 \\ 2 \\ 2 \end{pmatrix} \Rightarrow \underline{\underline{S(2|2|2)}}$$

5 r … rote Kugel
b … blaue Kugel

$P(r) = p$

$$P(rb; br; bb) = \frac{95}{144}$$

$$P(rr) = 1 - \frac{95}{144} = \frac{49}{144} = p^2$$

$$\underline{\underline{p = \frac{7}{12}}}$$

Baumdiagramm:

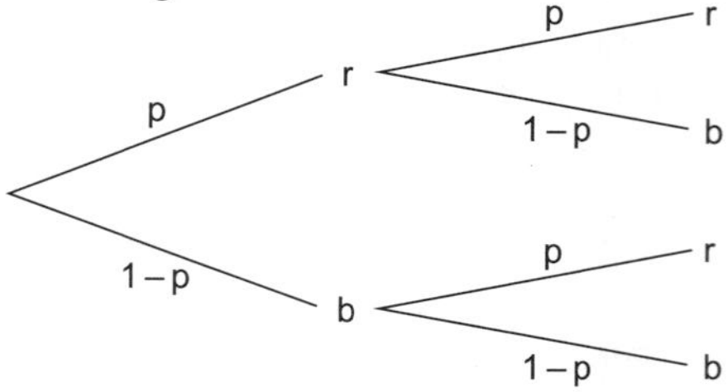

Mit einer Wahrscheinlichkeit von $\underline{\underline{\frac{7}{12}}}$ wird beim einmaligen Ziehen eine rote Kugel aus der Urne gezogen.

Grundkurs Mathematik (Sachsen): Abiturprüfung 2011
Teil B – Aufgabe 1

Eine Firma fertigt Gewächshäuser der Marken „Gärtnerglück 1“ und „Gärtnerglück 2“. Die Frontfläche jedes Gewächshauses wird in einem kartesischen Koordinatensystem (1 Längeneinheit entspricht 1 Meter) durch die x-Achse und den Graphen einer quadratischen Funktion begrenzt.
Für das Gewächshaus der Marke „Gärtnerglück 1“ wird diese quadratische Funktion näherungsweise durch die Funktion f mit $y = f(x) = -\frac{4}{3} \cdot x^2 + 3{,}0 \quad (x \in D_f)$ beschrieben.

1.1 Geben Sie die Höhe und die Breite der Frontfläche des Gewächshauses der Marke „Gärtnerglück 1“ an.

Erreichbare BE-Anzahl: 2

1.2 Bestimmen Sie den Inhalt der Frontfläche des Gewächshauses der Marke „Gärtnerglück 1“.

Erreichbare BE-Anzahl: 2

1.3 In einer Höhe von 2,5 m über dem ebenen Boden werden tangential an die Begrenzungslinie der Frontfläche Seile bis zum Boden gespannt (siehe Abbildung).

Ermitteln Sie eine Gleichung einer der Geraden, welche die Seilverläufe beschreiben.
Bestimmen Sie die Länge eines solchen Seiles.
Ermitteln Sie, unter welchem Winkel zum Boden ein solches Seil gespannt ist.

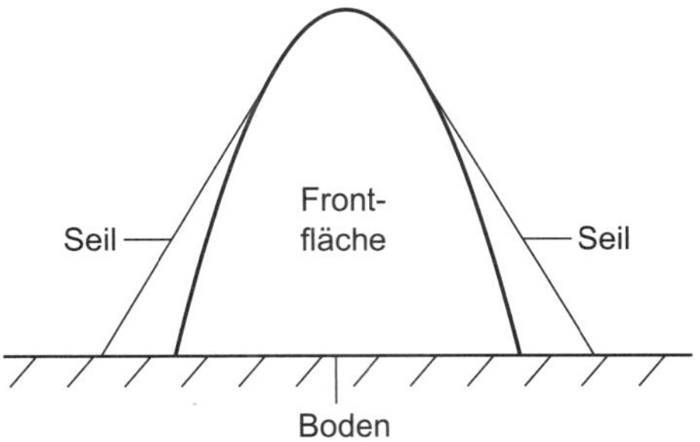

Abbildung (nicht maßstäblich)

Erreichbare BE-Anzahl: 7

1.4 Wegen der notwendigen Belüftung soll ein rechteckiges Tor mit maximalem Flächeninhalt in die Frontfläche des Gewächshauses „Gärtnerglück 1“ eingesetzt werden.
Ermitteln Sie diesen maximalen Flächeninhalt.

Erreichbare BE-Anzahl: 3

1.5 Die Frontfläche eines Gewächshauses der Marke „Gärtnerglück 2“ hat die Breite 4,0 m und ist um 10 % höher als die Frontfläche von „Gärtnerglück 1“.

Ermitteln Sie eine Gleichung einer quadratischen Funktion g, deren Graph die Begrenzungslinie der Frontfläche des Gewächshauses „Gärtnerglück 2“ beschreibt.

Erreichbare BE-Anzahl: 3

Bei der Herstellerfirma treten erfahrungsgemäß bei 8 % aller Gewächshäuser Mängel auf.

1.6 Ein Baumarkt bestellt 100 Gewächshäuser bei dieser Firma.
Geben Sie an, wie viele Gewächshäuser ohne Mängel unter den bestellten Gewächshäusern zu erwarten sind.
Berechnen Sie die Wahrscheinlichkeit dafür, dass von den bestellten Gewächshäusern mindestens 85 keine Mängel aufweisen.

Erreichbare BE-Anzahl: 3

1.7 Berechnen Sie die Mindestanzahl von zu kontrollierenden Gewächshäusern dieser Herstellerfirma, unter denen sich mit einer Wahrscheinlichkeit von mindestens 93 % mindestens ein Gewächshaus mit Mängeln befindet.

Erreichbare BE-Anzahl: 2

Tipps und Hinweise

Teilaufgabe 1.1

- Bestimmen Sie die Koordinaten des lokalen Maximumpunktes der Funktion f. Der Funktionswert dieses Punktes in Meter stellt die gesuchte Höhe dar.
- Bestimmen Sie die Nullstellen der Funktion. Der Abstand zwischen diesen in Meter gibt die gesuchte Breite an.

Teilaufgabe 1.2

- Bestimmen Sie den Inhalt der Frontfläche mithilfe des bestimmten Integrals:

$$A = \int_a^b f(x)\,dx$$

- Setzen Sie die Nullstellen der Funktion für die Grenzen a und b ein.
- Geben Sie den Inhalt der Fläche in m^2 an.

Teilaufgabe 1.3

- Bestimmen Sie die Berührungsstelle x_B eines Seils, indem Sie die Gleichung $f(x_B) = 2{,}5$ lösen.
- Bestimmen Sie die Steigung m der Tangente im Berührungspunkt mittels GTR oder durch Berechnung von $f'(x_B) = m$.
- Setzen Sie die Koordinaten des Berührungspunktes und den Geradenanstieg in die allgemeine Geradengleichung $y = mx + n$ ein.
- Die Seillänge bestimmen Sie, indem Sie den Abstand des Berührungspunktes zum Schnittpunkt der Geraden mit der x-Achse berechnen.
- Der Winkel α zwischen Boden und Seil ist entweder der Anstiegswinkel der Geraden – dabei gilt $m = \tan\alpha$ – oder der Nebenwinkel dieses Winkels.

Teilaufgabe 1.4

- Veranschaulichen Sie sich den Sachverhalt in einer Skizze.
- Wählen Sie als Hauptbedingung die Flächeninhaltsformel des Rechtecks.
- Entwickeln Sie die Zielfunktion, indem Sie die Seitenlängen des Rechtecks durch die Koordinaten eines Punktes $P(x \mid f(x))$ ersetzen.
- Bestimmen Sie die Koordinaten des lokalen Maximumpunktes der Zielfunktion. Der Funktionswert dieses Punktes ist der gesuchte maximale Flächeninhalt.

Teilaufgabe 1.5

- Legen Sie die Parabel so in das Koordinatensystem, dass ihr Scheitelpunkt auf der y-Achse liegt. Dann können Sie die allgemeine Form der quadratischen Funktion $g(x) = ax^2 + b$ nutzen.
- Für den Parameter b gilt: $b = 1{,}1 \cdot 3{,}0$
- Den Parameter a bestimmen Sie über $x_N = \pm 2$, da die Breite 4,0 m beträgt.

Teilaufgabe 1.6

- Wählen Sie für die Wahrscheinlichkeit eine geeignete Zufallsgröße X, z. B. „Anzahl der Gewächshäuser ohne Mängel". Diese Zufallsgröße X ist binomialverteilt mit den Parametern $n = 100$ und $p = 0{,}92$.
- Bestimmen Sie den Erwartungswert dieser Zufallsgröße mit $E(X) = n \cdot p$.
- Berechnen Sie die Wahrscheinlichkeit für $X \geq 85$.

Teilaufgabe 1.7

- Wählen Sie für die Wahrscheinlichkeit eine geeignete Zufallsgröße Y, z. B. „Anzahl der Gewächshäuser mit Mängeln". Diese Zufallsgröße Y ist binomialverteilt mit $p = 0{,}08$.
- Nutzen Sie zur Berechnung der Mindestzahl der zu kontrollierenden Gewächshäuser die Beziehung: $P(\text{mindestens ein Erfolg}) = 1 - P(\text{kein Erfolg}) \geq 0{,}93$.

Lösungen

1.1 $f(x) = -\frac{4}{3} \cdot x^2 + 3{,}0$

Skizze:

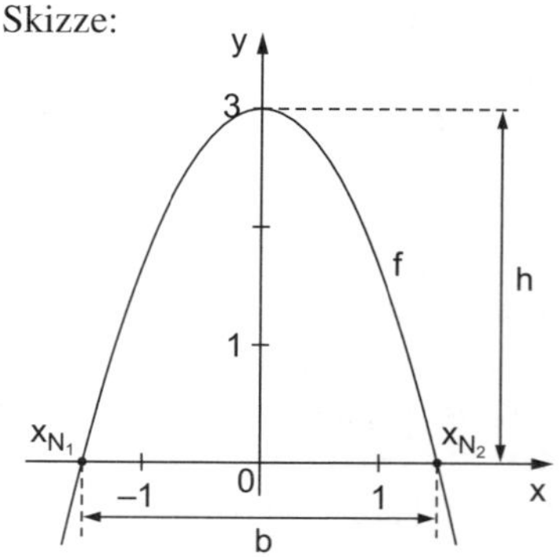

$E_{Max}(0 \mid 3{,}0)$

$y_{max} = 3{,}0 \Rightarrow \underline{\underline{h = 3{,}0\text{ m}}}$

$f(x_N) = 0 = -\frac{4}{3} x_N^2 + 3{,}0$

$x_{N_{1;2}} = \pm 1{,}5 \Rightarrow b = 2 \cdot |x_N| = \underline{\underline{3{,}0\text{ m}}}$

Das Gewächshaus hat die Höhe $\underline{\underline{h = 3{,}0\text{ m}}}$ und die Breite $\underline{\underline{b = 3{,}0\text{ m}}}$.

Die Koordinaten des Extrempunktes und die Nullstellen bestimmt man mit dem GTR.

1.2 $A = \int_{-1,5}^{1,5} f(x)\,dx = 2 \cdot \int_{0}^{1,5} f(x)\,dx$

$$A = 2 \cdot \int_0^{1,5} \left(-\frac{4}{3}x^2 + 3{,}0\right) dx$$

$$A = 2 \cdot \left[-\frac{4}{9}x^3 + 3{,}0x\right]_0^{1,5} = 2 \cdot (-1{,}5 + 4{,}5) = 2 \cdot 3$$

$\underline{\underline{A = 6}}$

Der Inhalt der Frontfläche beträgt $\underline{\underline{6{,}0\text{ m}^2}}$.

Der ausführliche Lösungsweg ist nicht verlangt. Die Lösung kann mittels GTR bestimmt werden.

1.3 Berührungsstellen x_B der Seile:

$$f(x_B) = -\frac{4}{3}x_B^2 + 3{,}0 = 2{,}5$$

$$x_B^2 = 0{,}375$$

$$x_{B_{1;2}} \approx \pm 0{,}61$$

exakte Lösung: $x_B^2 = \frac{3}{8}$

$$x_{B_{1;2}} = \pm\sqrt{\frac{3}{8}} = \pm\sqrt{\frac{6}{16}} = \pm\frac{1}{4}\sqrt{6}$$

Gleichung der Geraden im Punkt

(1) $B_1\left(-\frac{1}{4}\sqrt{6}\;\middle|\;2{,}5\right)$ mit $f'(x) = -\frac{8}{3}x$

folgt $f'\left(-\frac{1}{4}\sqrt{6}\right) = -\frac{8}{3}\cdot\left(-\frac{1}{4}\sqrt{6}\right) = \frac{2}{3}\sqrt{6} = m_1$

$$\Rightarrow \quad y = m_1 \cdot x + n_1$$
$$2{,}5 = \frac{2}{3}\sqrt{6}\cdot\left(-\frac{1}{4}\sqrt{6}\right) + n_1$$
$$2{,}5 = -1 + n_1$$
$$n_1 = 3{,}5$$
$$\Rightarrow \quad \underline{\underline{g_1\!: y = \frac{2}{3}\sqrt{6}\cdot x + 3{,}5}}$$

(2) $B_2\left(\frac{1}{4}\sqrt{6}\;\middle|\;2{,}5\right)$

$$f'\left(\frac{1}{4}\sqrt{6}\right) = -\frac{8}{3}\cdot\frac{1}{4}\sqrt{6} = -\frac{2}{3}\sqrt{6} = m_2$$
$$\Rightarrow \quad y = m_2 \cdot x + n_2$$
$$2{,}5 = -\frac{2}{3}\sqrt{6}\cdot\frac{1}{4}\sqrt{6} + n_2$$
$$2{,}5 = -1 + n_2$$
$$n_2 = 3{,}5$$
$$\Rightarrow \quad \underline{\underline{g_2\!: y = -\frac{2}{3}\sqrt{6}\cdot x + 3{,}5}}$$

Es ist nur die Gleichung einer der beiden Geraden verlangt. Außerdem kann man den Anstieg der Geraden auch näherungsweise mit dem GTR bestimmen. Eine Näherungslösung ist laut Aufgabenstellung nicht ausgeschlossen.

Seillänge ℓ für $g_1\!: y = \frac{2}{3}\sqrt{6}\cdot x + 3{,}5$

Nullstelle x_N: $0 = \frac{2}{3}\sqrt{6}\cdot x_N + 3{,}5$

$$x_N \approx -2{,}14$$
$$\ell = \sqrt{(x_{B_1} - x_N)^2 + (y_{B_1} - 0)^2}$$
$$\ell = \sqrt{\left(-\frac{1}{4}\sqrt{6} + 2{,}14\right)^2 + (2{,}5 - 0)^2}$$
$$\ell \approx 2{,}9$$

Ein Seil ist $\underline{\underline{\text{ca. } 2{,}9\text{ m}}}$ lang.

Die Berechnung der Länge des anderen Seils erfolgt analog.

Winkel α zwischen Boden und Seil:

$$\tan\alpha = m_1 = \frac{2}{3}\sqrt{6}$$

$$\underline{\underline{\alpha \approx 58{,}5°}}$$

bzw. $180° - \alpha \approx \underline{\underline{121{,}5°}}$

Der Winkel zwischen Boden und Seil beträgt $\underline{\underline{58{,}5°}}$ bzw. $\underline{\underline{121{,}5°}}$.

1.4 Skizze:

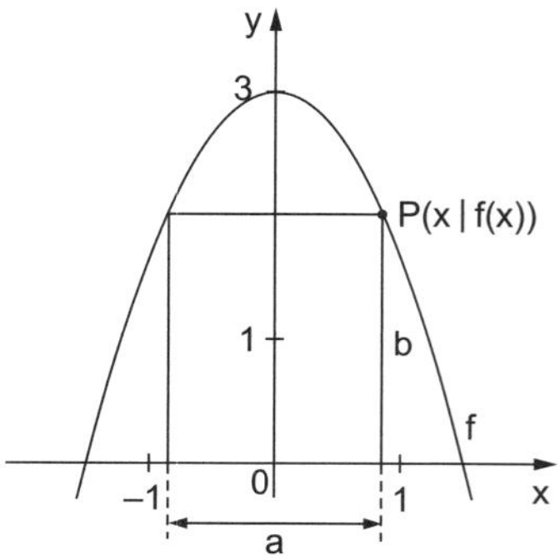

Hauptbedingung: $A(a; b) = a \cdot b$

Nebenbedingungen: $a = 2x$

$$b = f(x) = -\frac{4}{3}x^2 + 3{,}0$$

Zielfunktion: $A(x) = 2 \cdot x \cdot \left(-\frac{4}{3}x^2 + 3{,}0\right)$

$$A(x) = -\frac{8}{3}x^3 + 6{,}0x$$

Zur Bestimmung des maximalen Flächeninhaltes lässt man den Graphen der Funktion A im GRAPH-Menü zeichnen und liest die Koordinaten des Maximumpunktes ab. Der Funktionswert dieses Punktes ist der gesuchte Flächeninhalt.

$E_{Max}(0{,}87 \mid 3{,}5)$.

Der maximale Flächeninhalt des Tors beträgt $\underline{\underline{3{,}5\ m^2}}$.

1.5 Frontfläche des Gewächshauses „Gärtnerglück 2“:

allgemeine Form der quadratischen Gleichung

$g(x) = ax^2 + b$ (Scheitelpunkt liegt auf der y-Achse)

mit Breite 4 m folgt $x_N = \pm 2$: $g(2) = 4a + b = 0$ (I)

und $h = 1{,}1 \cdot 3\text{ m} = 3{,}3\text{ m}$ folgt: $g(0) = b = 3{,}3$ (II)

(II) in (I): $4a + 3{,}3 = 0$

$a = -0{,}825$

$\Rightarrow$ $\underline{\underline{g(x) = -0{,}825x^2 + 3{,}3}}$ $(x \in D_g)$

1.6 X … Anzahl der Gewächshäuser ohne Mängel
(X ist binomialverteilt mit $n = 100$, $p = 0{,}92$)

$E(X) = n \cdot p$

$E(X) = 100 \cdot 0{,}92$

$\underline{\underline{E(X) = 92}}$

Unter den bestellten Gewächshäusern sind $\underline{\underline{92}}$ ohne Mängel zu erwarten.

$P(X \geq 85) = \underline{\underline{0{,}9942}}$

Die Lösung wird mit einem geeigneten GTR-Programm bestimmt.

1.7 Y … Anzahl der Gewächshäuser mit Mängeln
(Y ist binomialverteilt mit $p = 0{,}08$)

$$P(Y \geq 1) = 1 - P(Y = 0) \geq 0{,}93$$

$$P(Y = 0) \leq 0{,}07$$

$$\binom{n}{0} \cdot 0{,}08^0 \cdot 0{,}92^n \leq 0{,}07$$

$$n \geq \frac{\ln 0{,}07}{\ln 0{,}92}$$

$$n \geq 31{,}9$$

$\Rightarrow$ $\underline{\underline{\text{Mindestens 32 Gewächshäuser}}}$ sind zu kontrollieren.

Grundkurs Mathematik (Sachsen): Abiturprüfung 2011
Teil B – Aufgabe 2

In einer Wohnanlage soll die Fassade eines Wohngebäudes mit einem neuen Farbanstrich versehen werden. Die Verteilung der Farbflächen I, II und III auf der Fassade ist in der Abbildung 1 dargestellt.

Bei der Darstellung der Fassade in einem zweidimensionalen kartesischen Koordinatensystem (1 Längeneinheit entspricht 1 Meter) begrenzen die Koordinatenachsen und die Geraden g, h sowie i die Fassade. Die Gleichungen der Geraden lauten:

g: $x = 10{,}0$

h: $y = 0{,}6 \cdot x + 12{,}0$

i: $y = -0{,}6 \cdot x + 18{,}0$

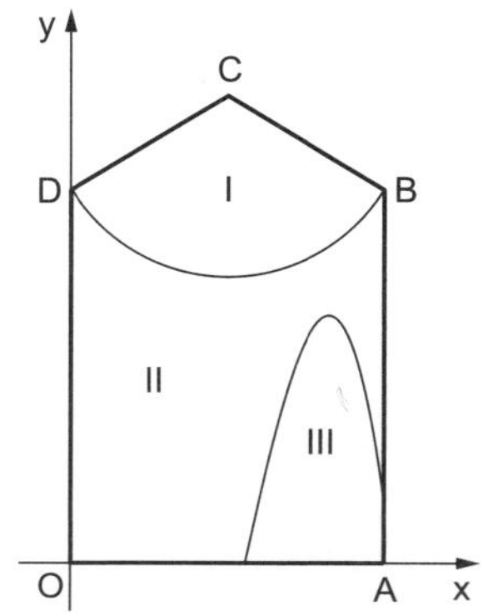

Abbildung 1 (nicht maßstäblich)

2.1 Geben Sie die Koordinaten der Punkte B, C und D an.
Begründen Sie, dass das Dreieck DBC gleichschenklig und stumpfwinklig ist.

Erreichbare BE-Anzahl: 5

2.2 Die Trennlinie zwischen den Farbflächen I und II ist ein Kreisbogen. Der Mittelpunkt des zugehörigen Kreises ist C.
Weisen Sie nach, dass der Flächeninhalt der Farbfläche I rund $35{,}0\ \text{m}^2$ beträgt.

Die Trennlinie zwischen den Farbflächen II und III kann durch einen Teil des Graphen der Funktion f mit $y = f(x) = -0{,}18 \cdot x^3 + 2{,}84 \cdot x^2 - 10{,}22 \cdot x \quad (x \in \mathbb{R})$ beschrieben werden.
Bestimmen Sie den Inhalt der Farbfläche II.

Erreichbare BE-Anzahl: 6

2.3 Für die Gestaltung der Fassade stehen 5 verschiedene Farben zur Verfügung. Jede der drei Farbflächen I, II und III wird mit genau einer Farbe gestrichen. Für den Anstrich der Fassade werden genau 3 verschiedene Farben verwendet.

Geben Sie an, wie viele unterschiedliche Farbgestaltungen der Fassade damit möglich sind.

Erreichbare BE-Anzahl: 1

2.4 Auf dem Wohngebäude sollen Module aus Solarzellen angebracht werden. Jede Solarzelle wird in zwei Arbeitsgängen produziert. Im ersten Arbeitsgang treten Produktionsfehler mit einer Wahrscheinlichkeit von 4,0 % und im zweiten Arbeitsgang mit einer Wahrscheinlichkeit von 5,0 % jeweils unabhängig voneinander auf.

Geben Sie die Wahrscheinlichkeit an, mit der eine Solarzelle fehlerfrei produziert wird.

Ermitteln Sie, wie viele Produktionsfehler bei einer Solarzelle zu erwarten sind.

Jedes Modul besteht aus genau 8 Solarzellen.

Ermitteln Sie die Wahrscheinlichkeit dafür, dass in einem Modul höchstens eine dieser Solarzellen nicht fehlerfrei produziert wurde.

Erreichbare BE-Anzahl: 6

Das Wohngebäude kann in einem dreidimensionalen kartesischen Koordinatensystem (1 Längeneinheit entspricht 1 Meter) dargestellt werden.

Die Grundfläche OAHI des Wohngebäudes befindet sich in der x-z-Koordinatenebene (siehe Abbildung 2). Über die gesamte Breite des Wohngebäudes wird ein ebenes rechteckiges Terrassendach GFJK montiert und durch Metallbügel gestützt. Die Punkte E, F und G sind Eckpunkte eines solchen Metallbügels.

Es gilt: $\overline{EF} = 2{,}4$ m, $\overline{EG} = 1{,}0$ m, $F(12{,}4\,|\,2{,}5\,|\,0{,}0)$ und $\sphericalangle FEG = 90°$.

Die Materialstärken werden vernachlässigt.

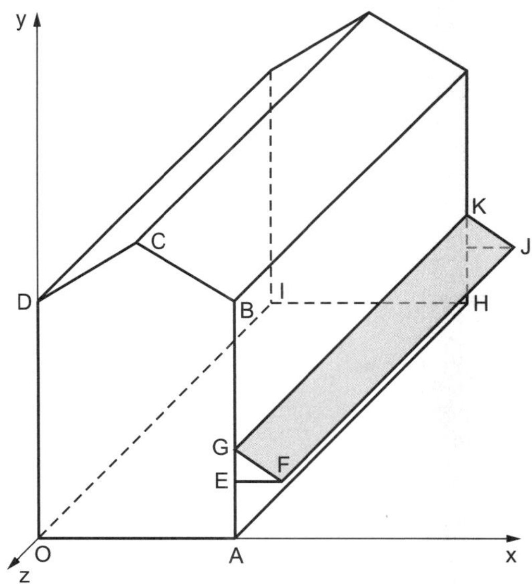

Abbildung 2 (nicht maßstäblich)

2.5 Ermitteln Sie eine Gleichung der Ebene, in der das Terrassendach GFJK liegt.

Erreichbare BE-Anzahl: 2

2.6 Zu einem bestimmten Zeitpunkt verlaufen die Sonnenstrahlen in Richtung des Vektors $\vec{u} = \begin{pmatrix} -1{,}0 \\ -4{,}0 \\ 2{,}0 \end{pmatrix}$.

Zeigen Sie, dass das Terrassendach zu diesem Zeitpunkt einen Schatten auf die x-z-Koordinatenebene außerhalb der Grundfläche OAHI des Wohngebäudes wirft.

Erreichbare BE-Anzahl: 3

Tipps und Hinweise

Teilaufgabe 2.1

- Die Koordinaten des Punktes B bestimmen Sie z. B. als Schnittpunkt der Geraden g und i, die Koordinaten des Punktes D als Schnittpunkt der Geraden h mit der y-Achse und die Koordinaten des Punktes C als Schnittpunkt der Geraden h und i.
- Zum Nachweis der Gleichschenkligkeit des Dreiecks DBC vergleichen Sie die Längen der Vektoren $\overrightarrow{CD}$ und $\overrightarrow{CB}$.
- Zum Nachweis der Stumpfwinkligkeit des Dreiecks DBC berechnen Sie den Winkel zwischen den Vektoren $\overrightarrow{CD}$ und $\overrightarrow{CB}$.

Teilaufgabe 2.2

- Zur Berechnung des Flächenstücks I nutzen Sie die Flächeninhaltsformel für einen Kreisausschnitt.
- Um den Inhalt des Flächenstücks II zu berechnen, bestimmen Sie in einem ersten Schritt den gesamten Inhalt der Fassadenfläche.
- Von diesem Flächeninhalt subtrahieren Sie die Inhalte der Flächenstücke I und III.
- Den Inhalt des Flächenstücks III bestimmen Sie über das bestimmte Integral

$$A = \int_a^b f(x)\,dx,$$

wobei für die Integrationsgrenzen gilt: $a = x_N$ mit $0 < x_N < 10$ und $b = 10$.

Teilaufgabe 2.3

- Die Anzahl der unterschiedlichen Farbgestaltungsmöglichkeiten ist das Produkt der Farbmöglichkeiten für die einzelnen Flächen, wobei zu beachten ist, dass keine Farbe mehrfach auftreten darf.

Teilaufgabe 2.4

- Stellen Sie den Sachverhalt in einem Baumdiagramm dar.
- Wählen Sie für eine fehlerfreie Solarzelle den Pfad aus, der keinen der beiden Fehler aufweist, und multiplizieren Sie zur Berechnung der gesuchten Wahrscheinlichkeit die beiden Wahrscheinlichkeiten dieses Pfades.
- Erstellen Sie die Verteilungstabelle für die Zufallsgröße X … Anzahl der Produktionsfehler bei einer Solarzelle.
- Berechnen Sie den Erwartungswert, indem Sie jeweils den Wert der Zufallsgröße mit der zugehörigen Wahrscheinlichkeit multiplizieren und diese Werte addieren.
- Wählen Sie für die Wahrscheinlichkeit eine geeignete Zufallsgröße Y, z. B. „Anzahl der nicht fehlerfreien Solarzellen in einem Modul". Diese Zufallsgröße Y ist binomialverteilt mit $n = 8$ und $p = 0{,}088$.
- Berechnen Sie die Wahrscheinlichkeit für $Y \leq 1$.

Teilaufgabe 2.5

Erstellen Sie die Ebenengleichung unter Nutzung des Punktes F. Verwenden Sie als Spannvektoren z. B. den Vektor $\overrightarrow{FG}$ und den Richtungsvektor der z-Achse.

Teilaufgabe 2.6

Erstellen Sie die Geradengleichung eines Sonnenstrahls durch den Punkt F mit dem gegebenen Richtungsvektor.

Ermitteln Sie die Koordinaten des Schattenpunktes in der x-z-Ebene.

Prüfen Sie die Lage dieses Punktes bezüglich der Grundfläche OAHI. Beachten Sie dabei, dass für alle Punkte dieser Rechteckfläche gilt: x, y, $z \in \mathbb{R}$ mit $0 \leq x \leq 10$, $y = 0$ und $z \leq 0$.

Lösungen

2.1 Angabe der Punktkoordinaten:

B(10,0 | 12,0) C(5,0 | 15,0) D(0,0 | 12,0)

Dreieck DBC:

$$\overrightarrow{CD} = \begin{pmatrix} -5,0 \\ -3,0 \end{pmatrix} \qquad |\overrightarrow{CD}| = \sqrt{(-5,0)^2 + (-3,0)^2} = \sqrt{34,0}$$

$$\overrightarrow{CB} = \begin{pmatrix} 5,0 \\ -3,0 \end{pmatrix} \qquad |\overrightarrow{CB}| = \sqrt{(5,0)^2 + (-3,0)^2} = \sqrt{34,0}$$

$$\Rightarrow \quad |\overrightarrow{CD}| = |\overrightarrow{CB}|$$

$\Rightarrow$ Das Dreieck DBC ist gleichschenklig.

$$\cos \sphericalangle(\overrightarrow{CD}; \overrightarrow{CB}) = \frac{\overrightarrow{CD} \circ \overrightarrow{CB}}{|\overrightarrow{CD}| \cdot |\overrightarrow{CB}|}$$

$$\cos \sphericalangle(\overrightarrow{CD}; \overrightarrow{CB}) = \frac{-25 + 9}{\sqrt{34,0} \cdot \sqrt{34,0}}$$

$$\cos \sphericalangle(\overrightarrow{CD}; \overrightarrow{CB}) = -0,4706$$

$$\sphericalangle(\overrightarrow{CD}; \overrightarrow{CB}) \approx 118°$$

$\Rightarrow$ Das Dreieck DBC ist stumpfwinklig.

Der Winkel ist nicht zu berechnen. Es ist ausreichend, zu zeigen, dass das Skalarprodukt der Vektoren $\overrightarrow{CD}$ und $\overrightarrow{CB}$ negativ ist.

2.2 Flächeninhalt A_I der Farbfläche I:

$$A_I = \pi \cdot r^2 \cdot \frac{\alpha}{360^\circ} \quad \text{mit} \quad r = |\overrightarrow{CD}| = \sqrt{34{,}0}\ \text{m}$$

$$\text{und} \quad \alpha = \sphericalangle(\overrightarrow{CD}; \overrightarrow{CB}) = 118^\circ$$

$$A_I = \pi \cdot 34\ \text{m}^2 \cdot \frac{118^\circ}{360^\circ}$$

$$\underline{\underline{A_I \approx 35{,}0\ \text{m}^2}} \quad \Rightarrow \quad \text{Aussage bestätigt}$$

Flächeninhalt A_{II} der Farbfläche II:

A … Flächeninhalt der gesamten Fassade

$A = A_R + A_D$ mit A_R … Flächeninhalt des Rechtecks OABD
und A_D … Flächeninhalt des Dreiecks DBC

$$A = 10\ \text{m} \cdot 12\ \text{m} + \frac{1}{2} \cdot 10\ \text{m} \cdot 3\ \text{m}$$

$$\underline{A = 135\ \text{m}^2}$$

$$A_{III} = \int_{x_N}^{10} f(x)\,dx \quad \text{mit} \quad x_N = 5{,}6$$

$$\underline{A_{III} \approx 23{,}9\ \text{m}^2}$$

Die zu nutzende Nullstelle und das Integral berechnet man mit dem GTR.

$$A_{II} = A - A_I - A_{III}$$

$$A_{II} = 135\ \text{m}^2 - 35\ \text{m}^2 - 23{,}9\ \text{m}^2$$

$$\underline{\underline{A_{II} = 76{,}1\ \text{m}^2}}$$

Der Inhalt der Farbfläche II beträgt $\underline{\underline{\text{ca. } 76\ \text{m}^2}}$.

2.3 Anzahl der Farbgestaltungen: $5 \cdot 4 \cdot 3 = 60$
$\underline{\underline{60}}$ verschiedene Farbgestaltungen der Fassade sind möglich.

2.4 F1 … Fehler in Arbeitsgang 1
F2 … Fehler in Arbeitsgang 2

Baumdiagramm:

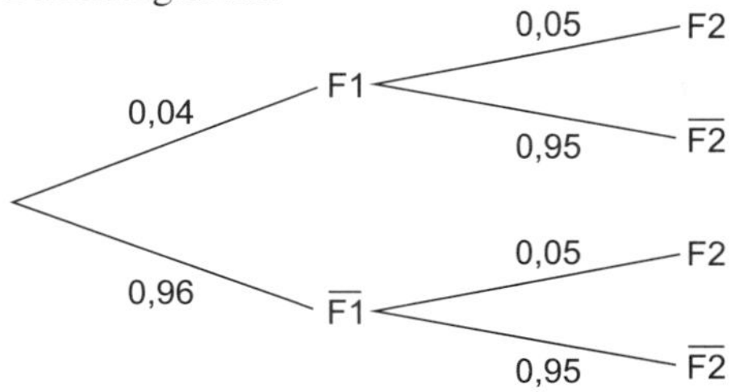

fehlerfreie Solarzelle: $P(\overline{F1} \cap \overline{F2}) = 0{,}96 \cdot 0{,}95 = \underline{\underline{0{,}9120}}$

X … Anzahl der Produktionsfehler bei einer Solarzelle

x_i	0	1	2
$P(X=x_i)$	$0{,}96 \cdot 0{,}95 = 0{,}912$	$0{,}04 \cdot 0{,}95 + 0{,}96 \cdot 0{,}05 = 0{,}086$	$0{,}04 \cdot 0{,}05 = 0{,}002$

$E(X) = 0 \cdot 0{,}912 + 1 \cdot 0{,}086 + 2 \cdot 0{,}002$

$\underline{\underline{E(X) = 0{,}09}}$

Bei einer Solarzelle sind $\underline{\underline{0{,}09}}$ Produktionsfehler zu erwarten.

Y … Anzahl der nicht fehlerfreien Solarzellen in einem Modul
(Y ist binomialverteilt mit $n = 8$, $p = 1 - 0{,}912 = 0{,}088$)

$\underline{\underline{P(Y \leq 1) = 0{,}8480}}$

Die Lösung bestimmt man mit einem geeigneten GTR-Programm.

2.5 E … Ebene des Terrassendachs GFJK
mit F(12,4 | 2,5 | 0,0)
G(10,0 | 3,5 | 0,0)

$$E\colon\ \vec{x} = \begin{pmatrix} 12{,}4 \\ 2{,}5 \\ 0{,}0 \end{pmatrix} + r \begin{pmatrix} -2{,}4 \\ 1{,}0 \\ 0{,}0 \end{pmatrix} + s \begin{pmatrix} 0{,}0 \\ 0{,}0 \\ -1{,}0 \end{pmatrix} \quad (r, s \in \mathbb{R})$$

oder $E\colon\ 5 \cdot x + 12 \cdot y = 92$

2.6 Sonnenstrahl durch F:

$$g:\ \vec{x} = \begin{pmatrix} 12{,}4 \\ 2{,}5 \\ 0{,}0 \end{pmatrix} + t \begin{pmatrix} -1{,}0 \\ -4{,}0 \\ 2{,}0 \end{pmatrix} \quad (t \in \mathbb{R})$$

Schnitt mit x-z-Ebene, d. h.

$y = 2{,}5 - 4{,}0t = 0$

$t = 0{,}625$

t in g: $S(11{,}775\,|\,0\,|\,1{,}25)$

Folgerung:

Für die Punkte der Grundfläche OAHI gilt:

(1) $0 \leq x \leq 10$

(2) $y = 0$

(3) $z \leq 0$

Da die Kante $\overline{FJ}$ parallel zur z-Achse verläuft, gilt für alle Schattenpunkte S der Kante $\overline{FJ}$:

$x_S = 11{,}775 > 10$

Somit liegt die äußere Begrenzung des Schattens außerhalb der Grundfläche OAHI, da alle Schattenpunkte der Kante $\overline{FJ}$ außerhalb der Grundfläche OAHI liegen.

Skalar =

Spat =

Vektor = Normalenvektor

Grundkurs Mathematik (Sachsen): Abiturprüfung 2011 (Nachtermin)
Teil A (ohne Rechenhilfsmittel)

1 In den Aufgaben 1.1 bis 1.5 ist von den jeweils fünf Auswahlmöglichkeiten genau eine Antwort richtig. Kreuzen Sie das jeweilige Feld an.

1.1 Gegeben ist die Funktion f durch $f(x)=\frac{3\cdot x}{4+2\cdot x}$ $(x \in D_f)$.
Die Funktion f besitzt eine Polstelle bei:

☐	☐	☐	☒	☐
$x=2$	$x=0$	$x=-\frac{1}{4}$	$x=-2$	$x=-4$

1.2 Gegeben ist die Funktion f durch $f(x)=2\cdot \sin x$ $(x \in \mathbb{R})$.
Welchen Anstieg m hat der Graph der Funktion f an der Stelle $x=0$?

☒	☐	☐	☐	☐
$m=2$	$m=1$	$m=0$	$m=-1$	$m=-2$

1.3 Gegeben ist die Gerade g durch g: $\vec{x}=\begin{pmatrix}1\\0\\-1\end{pmatrix}+r\cdot\begin{pmatrix}1\\3\\-2\end{pmatrix}$ $(r \in \mathbb{R})$.

Senkrecht zu dieser Geraden g verläuft die Gerade h mit:

☐ h: $\vec{x}=\begin{pmatrix}6\\1\\0\end{pmatrix}+s\cdot\begin{pmatrix}0\\1\\2\end{pmatrix}$ $(s \in \mathbb{R})$

☐ h: $\vec{x}=\begin{pmatrix}1\\0\\-1\end{pmatrix}+s\cdot\begin{pmatrix}3\\-1\\0\end{pmatrix}$ $(s \in \mathbb{R})$

☐ h: $\vec{x}=s\cdot\begin{pmatrix}-3\\-1\\0\end{pmatrix}$ $(s \in \mathbb{R})$

☐ h: $\vec{x}=\begin{pmatrix}-2\\0\\0\end{pmatrix}+s\cdot\begin{pmatrix}1\\1\\1\end{pmatrix}$ $(s \in \mathbb{R})$

☒ h: $\vec{x}=\begin{pmatrix}3\\-1\\0\end{pmatrix}+s\cdot\begin{pmatrix}1\\0\\-1\end{pmatrix}$ $(s \in \mathbb{R})$

1.4 In welchem Punkt P durchstößt die Gerade g mit g: $\vec{x}=\begin{pmatrix}4\\4\\-1\end{pmatrix}+t\cdot\begin{pmatrix}-2\\-2\\1\end{pmatrix}$ $(t \in \mathbb{R})$ die x-y-Koordinatenebene?

☐	☐	☐	☐	☐
P(0|0|1)	P(0|0|−1)	P(2|2|0)	P(−2|−2|0)	P(4|4|−1)

1.5 In der ersten Reihe in der Aula sind noch genau 5 Stühle frei. Fünf Schüler wollen sich auf diese fünf Stühle setzen, wobei jeder Schüler auf genau einem Stuhl sitzen soll.
Wie viele Möglichkeiten der Sitzverteilung gibt es?

☐	☐	☐	☒	☐
1	5	25	120	5^5

Erreichbare BE-Anzahl: 5

2 In der Abbildung ist der Graph der ersten Ableitungsfunktion f' einer Funktion f im Intervall $-1{,}5 \leq x \leq 3{,}5$ $(x \in \mathbb{R})$ dargestellt.

Begründen Sie mithilfe des Graphen der ersten Ableitungsfunktion f' folgende wahre Aussagen.

(1) Die Tangente an den Graphen der Funktion f hat an der Stelle $x = 2$ einen positiven Anstieg.

(2) Der Graph der Funktion f hat im betrachteten Intervall einen lokalen Minimumpunkt.

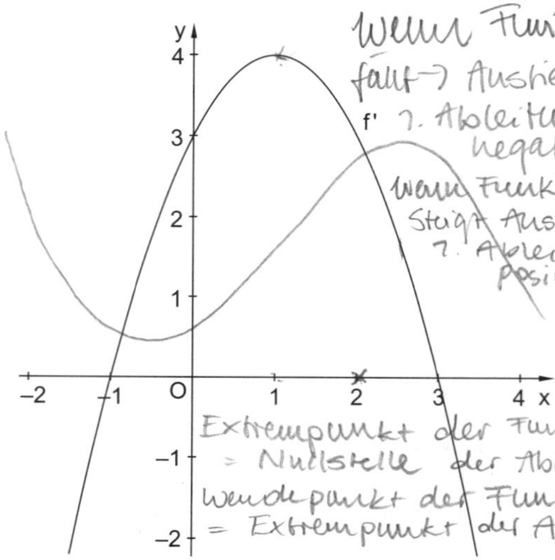

Erreichbare BE-Anzahl: 3

3 Gegeben sind die Punkte $A(-4|3|-1)$, $C(1|-1|-6)$ und $D(6|2|0)$.

Ermitteln Sie die Koordinaten des Punktes B so, dass das Viereck ABCD ein Parallelogramm ist.

Bestimmen Sie die Koordinaten des Diagonalenschnittpunktes des Parallelogramms ABCD.

Erreichbare BE-Anzahl: 4

4 In einer Urne befinden sich genau fünf Kugeln, drei goldfarbene und zwei silberfarbene. Der Urne wird solange ohne Zurücklegen zufällig eine Kugel entnommen, bis zum ersten Mal eine goldfarbene gezogen wird.

Ermitteln Sie, wie viele Ziehungen durchschnittlich zu erwarten sind.

Erreichbare BE-Anzahl: 3

Tipps und Hinweise

Teilaufgabe 1.1

Beachten Sie, dass x_P Polstelle einer Funktion $f(x) = \frac{u(x)}{v(x)}$ ist, wenn $v(x_P) = 0$ und $u(x_P) \neq 0$ gilt.

Teilaufgabe 1.2

Bestimmen Sie die erste Ableitung der Funktion f an der Stelle 0.

Teilaufgabe 1.3

Beachten Sie, dass zwei Geraden senkrecht zueinander verlaufen, wenn das Skalarprodukt ihrer Richtungsvektoren null ist. Prüfen Sie schrittweise, welches Geradenpaar diese Bedingung erfüllt.

Teilaufgabe 1.4

Für den Durchstoßpunkt P der Geraden g durch die x-y-Ebene gilt: $z = 0$

Bestimmen Sie für diese Bedingung den Wert des Parameters t und mit diesem die fehlenden Koordinaten des Punktes P.

Teilaufgabe 1.5

Berechnen Sie n! für $n = 5$ (Anordnung von n verschiedenen Elementen, d. h. Permutation ohne Wiederholung).

Teilaufgabe 2

Nutzen Sie für (1) den Zusammenhang zwischen dem Vorzeichen des Funktionswertes der Ableitungsfunktion und dem Anstieg der Funktion.

Nutzen Sie für (2) folgende Zusammenhänge:
- zwischen Nullstelle der Ableitungsfunktion f' und Extremstelle der Funktion f,
- zwischen dem Vorzeichenwechsel der Funktionswerte der Ableitungsfunktion f' an deren Nullstelle und der Art des Extremums der Funktion f.

Teilaufgabe 3

Stellen Sie den Sachverhalt in einer Skizze dar.

Nutzen Sie zur Bestimmung der Koordinaten des Punktes B z. B. die Gleichheit der Vektoren $\overrightarrow{AB}$ und $\overrightarrow{DC}$.

Berechnen Sie zeilenweise die fehlenden Koordinaten.

Berechnen Sie die Koordinaten des Diagonalenschnittpunktes M z. B. als Mittelpunkt der Strecke $\overline{AC}$. Dabei gilt: $M\left(\frac{x_A + x_C}{2} \,\middle|\, \frac{y_A + y_C}{2} \,\middle|\, \frac{z_A + z_C}{2}\right)$

Teilaufgabe 4

- Stellen Sie den Sachverhalt in einem Baumdiagramm dar.
- Wählen Sie eine geeignete Zufallsgröße X, z. B. „Anzahl der Ziehungen". Erstellen Sie für diesen Zufallsversuch eine Verteilungstabelle.
- Berechnen Sie den Erwartungswert dieser Zufallsgröße.
- Interpretieren Sie das Ergebnis.

Lösungen

1 *Vorbemerkung:* Als Lösung ist nur das Kreuz im jeweils richtigen Feld verlangt; im Folgenden sind zusätzlich Rechnungen und Begründungen für die richtige Antwort angegeben.

1.1 Richtige Antwort: Kreuz in $\underline{\underline{\text{Feld 4}}}$

$$f(x) = \frac{u(x)}{v(x)} = \frac{3 \cdot x}{4 + 2 \cdot x}$$

x_P ist Polstelle, wenn $v(x_P) = 0$ und $u(x_P) \neq 0$ ist:

$$v(x_P) = 4 + 2 \cdot x_P = 0$$
$$x_P = -2$$
$$u(-2) = -6 \neq 0$$

1.2 Richtige Antwort: Kreuz in $\underline{\underline{\text{Feld 1}}}$

$$f'(x) = 2 \cdot \cos x$$
$$f'(0) = 2 \cdot \cos 0 = 2 \cdot 1 = 2 = m$$

1.3 Richtige Antwort: Kreuz in $\underline{\underline{\text{Feld 2}}}$

$g \perp h \quad$ gdw. $\quad \vec{a}_g \circ \vec{a}_h = 0$

also $\begin{pmatrix} 1 \\ 3 \\ -2 \end{pmatrix} \circ \begin{pmatrix} a_x \\ a_y \\ a_z \end{pmatrix} = a_x + 3a_y - 2a_z = 0$

Von den Richtungsvektoren der angegebenen Geraden h ist dies nur wahr für

$$\vec{a}_h = \begin{pmatrix} 3 \\ -1 \\ 0 \end{pmatrix} \quad \Rightarrow \quad h\colon \vec{x} = \begin{pmatrix} 1 \\ 0 \\ -1 \end{pmatrix} + s \cdot \begin{pmatrix} 3 \\ -1 \\ 0 \end{pmatrix}$$

1.4 Richtige Antwort: Kreuz in <u>Feld 3</u>

$z = 0 = -1 + t$

$t = 1 \quad \text{in } g \Rightarrow P(2\,|\,2\,|\,0)$

1.5 Richtige Antwort: Kreuz in <u>Feld 4</u>

$5! = 120$

2 (1) Die Tangente an den Graphen der Funktion f hat an der Stelle $x = 2$ einen positiven Anstieg, da der Funktionswert der Ableitungsfunktion f' an der Stelle $x = 2$ positiv ist. Die Ableitungsfunktion f' charakterisiert die Steigung der Funktion f, also ist die Funktion f in dem Intervall monoton steigend, in dem die Funktionswerte der Ableitungsfunktion f' positiv sind.

(2) Die Funktion f hat an den Stellen $x = -1$ und $x = 3$ Extremstellen, denn an diesen Stellen hat die Funktion f' Nullstellen mit Vorzeichenwechsel. Das lokale Minimum existiert an der Stelle $x = -1$. Hier wechseln die Funktionswerte der Ableitungsfunktion f' von negativen zu positiven Werten, die Ableitungsfunktion ist an dieser Stelle monoton steigend. Somit tritt bei der Funktion f an dieser Stelle ein Monotoniewechsel von monoton fallend zu monoton steigend auf. Die Funktion hat einen lokalen Minimumpunkt.

3 Das Viereck ABCD ist ein Parallelogramm, wenn $\overrightarrow{AB} = \overrightarrow{DC}$ und $\overrightarrow{AD} = \overrightarrow{BC}$.

Skizze:

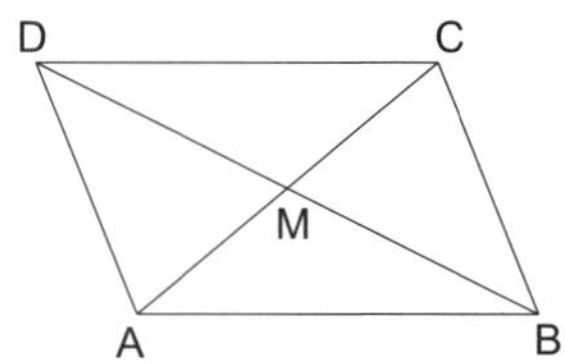

$$\overrightarrow{AB} = \overrightarrow{DC}$$

$$\begin{pmatrix} x_B + 4 \\ y_B - 3 \\ z_B + 1 \end{pmatrix} = \begin{pmatrix} -5 \\ -3 \\ -6 \end{pmatrix} \Rightarrow \underline{\underline{B(-9\,|\,0\,|\,-7)}}$$

Der Schnittpunkt der Diagonalen entspricht im Parallelogramm ABCD dem Mittelpunkt der Strecke $\overline{AC}$ (bzw. $\overline{BD}$).

Koordinaten des Diagonalenschnittpunktes M:

$$M\left(\frac{x_A + x_C}{2} \,\middle|\, \frac{y_A + y_C}{2} \,\middle|\, \frac{z_A + z_C}{2}\right)$$

$\underline{\underline{M(-1{,}5\,|\,1\,|\,-3{,}5)}}$

4 g … goldfarbene Kugel
s … silberfarbene Kugel

Baumdiagramm:

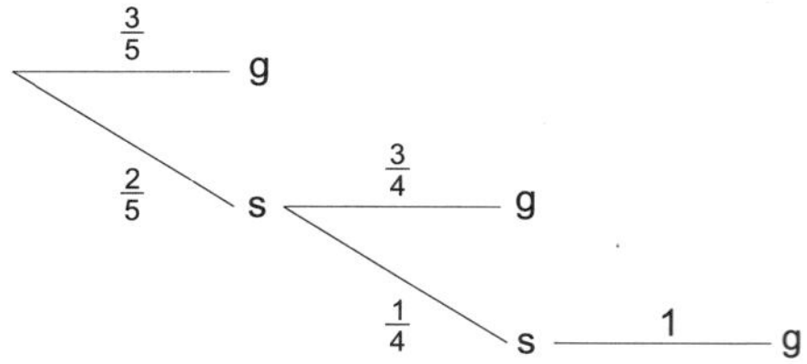

X … Anzahl der Ziehungen

x_i	1	2	3
$P(X=x_i)$	$\frac{3}{5}$	$\frac{2}{5}\cdot\frac{3}{4}=\frac{3}{10}$	$\frac{2}{5}\cdot\frac{1}{4}\cdot 1=\frac{1}{10}$

$$E(X)=1\cdot\frac{3}{5}+2\cdot\frac{3}{10}+3\cdot\frac{1}{10}$$

$$\underline{\underline{E(X)=1{,}5}}$$

Durchschnittlich sind 1,5 Ziehungen zu erwarten.

Grundkurs Mathematik (Sachsen): Abiturprüfung 2011 (Nachtermin)
Teil B – Aufgabe 1

Auf einem Kinderspielplatz wird ein Kletterturm gebaut. Er soll aus dem quaderförmigen Gebäudekörper OABCDEFG, dem 1,00 m hohen Quadergerüst DEFGHIJK und der geraden Pyramide HIJKL als Überdachung bestehen.

Die Gesamthöhe des Kletterturms beträgt 3,00 m.

In den Planungsunterlagen ist der Kletterturm in einem kartesischen Koordinatensystem (1 Längeneinheit entspricht 1 Meter) mit dem Koordinatenursprung O dargestellt (siehe Abbildung).

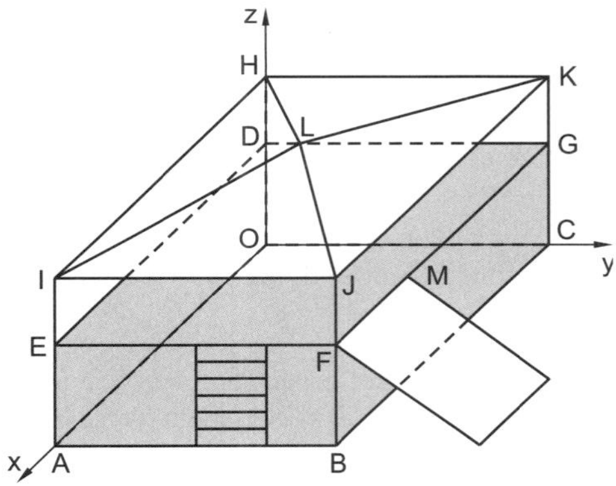

Abbildung (nicht maßstäblich)

Jeder der Eckpunkte A, C und D befindet sich auf dem positiven Teil der zugehörigen Koordinatenachse. Die Längen der Seitenkanten des quaderförmigen Gebäudekörpers sind mit $\overline{OA} = 4{,}00$ m, $\overline{AB} = 3{,}50$ m und $\overline{AE} = 1{,}50$ m festgelegt. Das Gelände des Spielplatzes liegt in der x-y-Koordinatenebene.

1.1 Geben Sie die Koordinaten der Eckpunkte D und J an.

Erreichbare BE-Anzahl: 2

1.2 Begründen Sie, dass der Punkt L die Koordinaten $L(2{,}00 \mid 1{,}75 \mid 3{,}00)$ besitzt.

Erreichbare BE-Anzahl: 2

1.3 Die gesamte Dachfläche soll gedeckt werden. Die beauftragte Firma rechnet mit Kosten in Höhe von 30 € pro Quadratmeter.
Berechnen Sie die Kosten für die Deckung der gesamten Dachfläche.

Erreichbare BE-Anzahl: 3

1.4 Vom Punkt G aus soll eine Stange in Richtung $\vec{v} = \begin{pmatrix} -4{,}00 \\ 3{,}00 \\ 0{,}00 \end{pmatrix}$ angebracht werden.

Weisen Sie nach, dass der Punkt R mit den Koordinaten $R(-2{,}00 \mid 5{,}00 \mid 1{,}50)$ ein möglicher Endpunkt dieser Stange sein kann.

Erreichbare BE-Anzahl: 2

1.5 Von der Deckfläche des Gebäudekörpers führt eine Rutsche zum Spielplatzgelände. Die obere Kante der Rutsche ist durch die Strecke $\overline{FM}$ festgelegt. Die Ebene, in der die Rutschfläche liegt, ist gegenüber dem Gelände des Spielplatzes um 41,0° geneigt.
Berechnen Sie die Länge der Rutsche.
Bestimmen Sie eine Gleichung der Ebene, in der die Rutsche liegt.

Erreichbare BE-Anzahl: 4

1.6 Auf dem Spielplatzgelände soll ein neuer Sandkasten angelegt werden. Der Sandkasten wird näherungsweise durch die Graphen der Funktionen f mit $y = f(x) = 0{,}2 \cdot x^3 + 1{,}6 \cdot x^2 + 2{,}9 \cdot x + 2{,}0 \ (x \in D_f)$ und g mit $g(x) = -f(x)$ sowie durch die Gerade $x = 0$ vollständig begrenzt.
Ermitteln Sie den Inhalt der für den Sandkasten zur Verfügung stehenden Fläche.

Erreichbare BE-Anzahl: 3

Tim und Florian treffen sich auf dem Spielplatz, um Basketball zu spielen. Bei Basketballfreiwürfen trifft Tim bei jedem Versuch mit einer Wahrscheinlichkeit von 35 %.

1.7 Tim führt 15 Basketballfreiwürfe durch.
Ermitteln Sie jeweils die Wahrscheinlichkeit folgender Ereignisse:

Ereignis A: Tim trifft höchstens dreimal.
Ereignis B: Der erste Treffer von Tim ist im fünften Versuch.

Erreichbare BE-Anzahl: 4

1.8 Berechnen Sie, wie viele Versuche Tim mindestens benötigt, um mit einer Wahrscheinlichkeit von mehr als 99 % mindestens einen Treffer zu haben.

Erreichbare BE-Anzahl: 2

Tipps und Hinweise

Teilaufgabe 1.1

- Beachten Sie, dass der Punkt D auf der z-Achse und in der gleichen Höhe wie der Punkt E liegt.
- Beachten Sie, dass der Punkt J senkrecht über dem Punkt B liegt und gleichzeitig eine obere Gerüstecke bildet.

Teilaufgabe 1.2

- Nutzen Sie für die Begründung der x- und y-Koordinaten des Punktes L, dass L die Spitze der geraden Pyramide ist und damit dieser Punkt senkrecht über dem Diagonalenschnittpunkt der Grundfläche liegt.
- Die z-Koordinate des Punktes L ergibt sich aus der Gesamthöhe des Kletterturms, da L dessen höchster Punkt ist.

Teilaufgabe 1.3

- Berechnen Sie die Flächeninhalte der beiden unterschiedlichen Pyramidenseitenflächen des Dachs.
- Bestimmen Sie daraus den Gesamtinhalt der Dachfläche in Quadratmeter.
- Multiplizieren Sie den Gesamtflächeninhalt mit dem Quadratmeterpreis der Dacheindeckung.

Teilaufgabe 1.4

- Erstellen Sie die Gleichung einer Geraden g durch den Punkt G mit dem gegebenen Richtungsvektor $\vec{v}$.
- Führen Sie die Punktprobe durch und zeigen Sie, dass der Punkt R auf dieser Geraden g liegt.

Teilaufgabe 1.5

- Stellen Sie den Sachverhalt in einer Skizze dar.
- Nutzen Sie zur Berechnung der Länge der Rutsche die Definition des Sinus eines Winkels im rechtwinkligen Dreieck.
- Zum Aufstellen der Ebenengleichung benötigen Sie z. B. die Koordinaten eines Punktes, in dem die Rutsche das Spielplatzgelände trifft.
- Die y-Koordinate dieses Punktes können Sie ermitteln, indem Sie zuvor den Abstand der unteren Kante der Rutsche zum Gebäudekörper berechnen.

Teilaufgabe 1.6

- Veranschaulichen Sie sich den Sachverhalt in einer Skizze.
- Berechnen Sie die Nullstelle x_N der Funktion f.
- Berechnen Sie den Inhalt der gesuchten Fläche z. B. mittels $A = 2 \cdot \int_{x_N}^{0} f(x)\,dx$. Geben Sie das Ergebnis in Quadratmeter an.

Teilaufgabe 1.7

- Wählen Sie für die Wahrscheinlichkeit des Ereignisses A eine geeignete Zufallsgröße X, z. B. „Trefferzahl von Tim“. Diese Zufallsgröße X ist binomialverteilt mit den Parametern $n = 15$ und $p = 0{,}35$.
- Berechnen Sie die Wahrscheinlichkeit für $X \leq 3$.
- Beachten Sie beim Ereignis B, dass die ersten vier Versuche keine Treffer sind und erst der 5. Versuch ein Treffer ist.
- Multiplizieren Sie die entsprechenden Wahrscheinlichkeiten miteinander.

Teilaufgabe 1.8

- Nutzen Sie zur Berechnung der Mindestzahl der Versuche folgenden Zusammenhang: P(mindestens ein Erfolg) = 1 − P(kein Erfolg) > 0,99

Lösungen

1.1 D(0,00 | 0,00 | 1,50)
J(4,00 | 3,50 | 2,50)

1.2 Der Punkt L als Spitze der geraden Pyramide HIJKL liegt senkrecht über dem Diagonalenschnittpunkt der rechteckigen Grundfläche ABCO des Kletterturms. Somit gilt für die

- x-Koordinate des Punktes L:

$$x_L = \frac{x_O + x_B}{2} = \frac{0{,}00 + 4{,}00}{2} = 2{,}00$$

- y-Koordinate des Punktes L:

$$y_L = \frac{y_O + y_B}{2} = \frac{0{,}00 + 3{,}50}{2} = 1{,}75$$

Außerdem beträgt die Gesamthöhe des Kletterturms 3,00 m. Somit gilt für die z-Koordinate des Punktes L:
$z_L = 3{,}00$

1.3 Skizze:

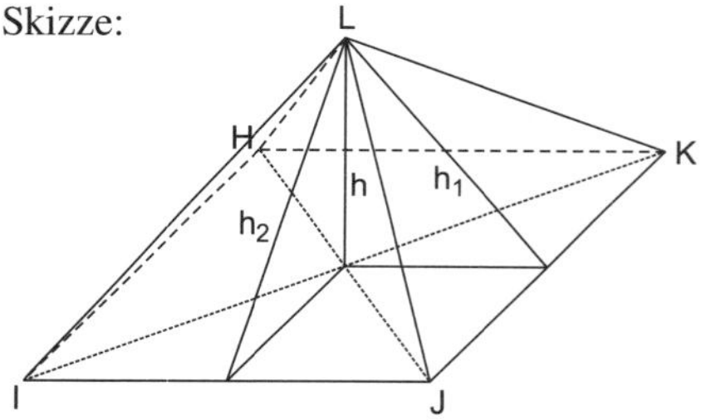

A ... Flächeninhalt der gesamten Dachfläche
A_1 ... Flächeninhalt des Dreiecks JKL
A_2 ... Flächeninhalt des Dreiecks IJL

$$A_1 = \frac{1}{2} \cdot \overline{JK} \cdot h_1 \quad \text{mit} \quad h_1 = \sqrt{h^2 + \left(\frac{1}{2} \cdot \overline{IJ}\right)^2}$$

$$h_1 = \sqrt{(0{,}50\ \text{m})^2 + (1{,}75\ \text{m})^2}$$

$$h_1 \approx 1{,}82\ \text{m}$$

$$A_1 \approx \frac{1}{2} \cdot 4{,}00\ \text{m} \cdot 1{,}82\ \text{m}$$

$$\underline{A_1 \approx 3{,}64\ \text{m}^2}$$

$$A_2 = \frac{1}{2} \cdot \overline{IJ} \cdot h_2 \quad \text{mit} \quad h_2 = \sqrt{h^2 + \left(\frac{1}{2} \cdot \overline{JK}\right)^2}$$

$$h_2 = \sqrt{(0{,}50\ \text{m})^2 + (2{,}00\ \text{m})^2}$$

$$h_2 \approx 2{,}06\ \text{m}$$

$$A_2 \approx \frac{1}{2} \cdot 3{,}50\ \text{m} \cdot 2{,}06\ \text{m}$$

$$\underline{A_2 \approx 3{,}61\ \text{m}^2}$$

$$A = 2 \cdot A_1 + 2 \cdot A_2$$

$$\underline{\underline{A \approx 14{,}50\ \text{m}^2}}$$

Der Flächeninhalt der Dachfläche kann auch mit einem geeigneten GTR-Programm bestimmt werden. Der ausführliche Lösungsweg ist nicht erforderlich.

Kosten K: $K = A \cdot 30\,\frac{€}{\text{m}^2}$

$$K = 14{,}50\ \text{m}^2 \cdot 30\,\frac{€}{\text{m}^2}$$

$$\underline{\underline{K = 435\ €}}$$

Die Kosten für die Deckung der gesamten Dachfläche betragen $\underline{\underline{435\ €}}$.

1.4 g … Gerade durch den Punkt G mit der vorgegebenen Richtung

$$g\colon\ \vec{x} = \begin{pmatrix} 0{,}00 \\ 3{,}50 \\ 1{,}50 \end{pmatrix} + r \begin{pmatrix} -4{,}00 \\ 3{,}00 \\ 0{,}00 \end{pmatrix} \quad (r \in \mathbb{R})$$

Einsetzen der Koordinaten des Punktes R in die Geradengleichung:

$$\left.\begin{array}{lll} -2{,}00 = 0{,}00 - 4{,}00r & \Rightarrow & r_1 = 0{,}5 \\ 5{,}00 = 3{,}50 + 3{,}00r & \Rightarrow & r_2 = 0{,}5 \end{array}\right\} r_1 = r_2$$

$$1{,}50 = 1{,}50 + 0{,}00r \quad \Rightarrow \quad \text{w. A.}$$

$\Rightarrow$ Die Koordinaten von R erfüllen die Geradengleichung. Somit liegt der Punkt R auf der Geraden g, er ist also ein möglicher Endpunkt der Stange.

1.5 Skizze:

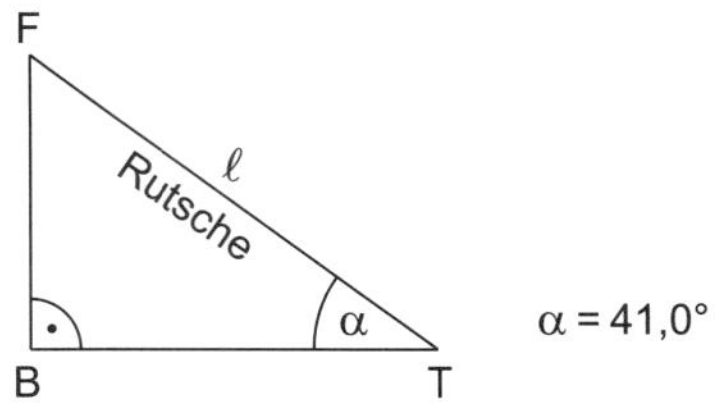

ℓ … Länge der Rutsche

$$\sin\alpha = \frac{\overline{FB}}{\ell}$$

$$\ell = \frac{\overline{FB}}{\sin\alpha}$$

$$\ell = \frac{1{,}50\text{ m}}{\sin 41{,}0^\circ}$$

$$\underline{\underline{\ell \approx 2{,}29\text{ m}}}$$

Die Rutsche ist $\underline{\underline{\text{ca. } 2{,}29\text{ m}}}$ lang.

Erstellen der Ebenengleichung:

$$\tan\alpha = \frac{\overline{FB}}{\overline{BT}}$$

$$\overline{BT} = \frac{\overline{FB}}{\tan\alpha}$$

$$\overline{BT} = \frac{1{,}50\text{ m}}{\tan 41^\circ}$$

$$\underline{\overline{BT} \approx 1{,}73\text{ m}} \quad \Rightarrow \quad T(4{,}00 \mid 5{,}23 \mid 0{,}00)$$

$$E_{FTM}\colon\ \vec{x} = \begin{pmatrix} 4{,}00 \\ 3{,}50 \\ 1{,}50 \end{pmatrix} + s\begin{pmatrix} 1{,}00 \\ 0{,}00 \\ 0{,}00 \end{pmatrix} + t\begin{pmatrix} 0{,}00 \\ 1{,}73 \\ -1{,}50 \end{pmatrix} \quad (s, t \in \mathbb{R})$$

oder $\quad 300y + 346z = 1\,569$

bzw. $\quad 1{,}50y + 1{,}73z = 7{,}845$

1.6 Skizze:

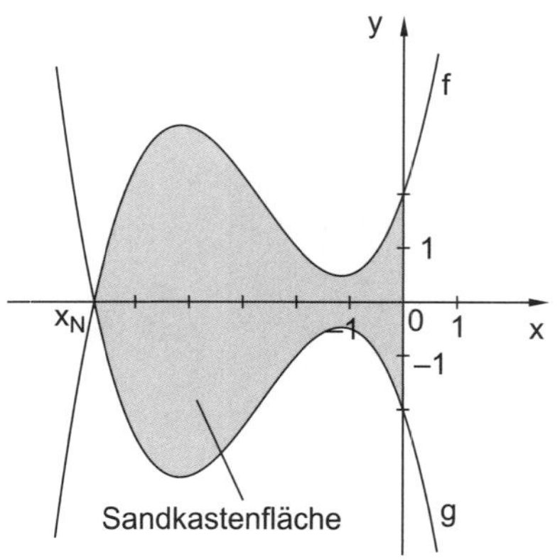

Nullstelle: $f(x_N) = 0$

$$\underline{x_N \approx -5{,}80}$$

Die Nullstelle bestimmt man mittels GTR.

Flächeninhalt des Sandkastens:

$$A = \int_{-5{,}80}^{0} [f(x) - g(x)]\,dx \quad \text{mit} \quad g(x) = -f(x)$$

$$A = 2 \cdot \int_{-5{,}80}^{0} f(x)\,dx$$

$$A = 2 \cdot \int_{-5{,}80}^{0} [0{,}2x^3 + 1{,}6x^2 + 2{,}9x + 2{,}0]\,dx$$

$$\underline{\underline{A \approx 20{,}60}}$$

Der Flächeninhalt des Sandkastens beträgt $\underline{\underline{\text{ca. } 20{,}60\ \text{m}^2}}$.

Der Flächeninhalt wird mittels GTR bestimmt. Ein ausführlicher Lösungsweg ist nicht erforderlich.

1.7 X … Trefferzahl von Tim
(X ist binomialverteilt mit $n = 15$, $p = 0{,}35$)

$P(A) = P(X \le 3) = \underline{\underline{0{,}1727}}$

Die Lösung wird mit einem geeigneten GTR-Programm bestimmt.

$P(B) = 0{,}65^4 \cdot 0{,}35 = \underline{\underline{0{,}0625}}$

1.8
$$P(X \ge 1) = 1 - P(X = 0) > 0{,}99$$

$$P(X = 0) < 0{,}01$$

$$\binom{n}{0} \cdot 0{,}35^0 \cdot 0{,}65^n < 0{,}01$$

$$n > \frac{\ln 0{,}01}{\ln 0{,}65}$$

$$n > 10{,}69$$

$\Rightarrow$ Tim benötigt $\underline{\underline{\text{mindestens 11 Versuche}}}$.

Grundkurs Mathematik (Sachsen): Abiturprüfung 2011 (Nachtermin) Teil B – Aufgabe 2

Durch das Hochwasser vom August 2002 sind in Sachsen hohe Schäden entstanden. Viele Einrichtungen des Hochwasserschutzes waren und sind für Hochwasser ausgelegt, wie sie statistisch gesehen nur in einem von 30 Jahren auftreten (Fachbezeichnung HQ 30).

Als angemessen gilt heute ein Schutz gegen Hochwasser, wie sie durchschnittlich in einem von 100 Jahren auftreten (Fachbezeichnung HQ 100).

Dementsprechend betragen die Wahrscheinlichkeiten, mit der ein Hochwasser des Typs HQ 30 bzw. des Typs HQ 100 in einem beliebigen Jahr auftritt, $p_{30} = \frac{1}{30}$ bzw. $p_{100} = \frac{1}{100}$.

2.1 Bestimmen Sie die Wahrscheinlichkeit, mit der an einem Flussabschnitt innerhalb von 100 Jahren kein Hochwasser vom Typ HQ 100 eintritt.

Erreichbare BE-Anzahl: 2

2.2 In einem Zeitraum von 15 Jahren soll der Hochwasserschutz an einem Flussabschnitt deutlich verbessert werden.

Ermitteln Sie die Wahrscheinlichkeit dafür, dass in diesem Zeitraum mindestens ein Hochwasser vom Typ HQ 30 eintritt.

Erreichbare BE-Anzahl: 2

Die Abbildung 1 zeigt den Querschnitt durch ein Flussbett und dessen ebene Umgebung, auf den sich die Aufgabenteile 2.3 bis 2.6 beziehen.

In einem kartesischen Koordinatensystem (1 Längeneinheit entspricht 1 Meter) beschreibt die x-Achse die Profillinie der Uferzone in der Umgebung des Flussbetts.

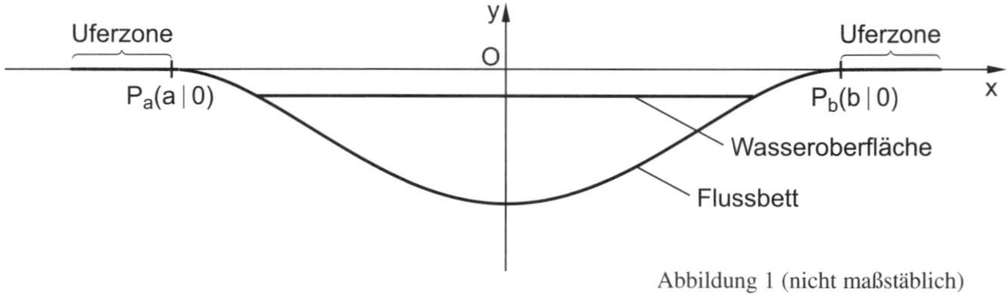

Abbildung 1 (nicht maßstäblich)

Die Profillinie des Flussbetts wird im Intervall $a \leq x \leq b$ näherungsweise durch den Graphen der Funktion f mit $f(x) = -0{,}0002 \cdot x^4 + 0{,}04 \cdot x^2 - 2{,}0 \;\; (x \in D_f)$ beschrieben und geht in den Punkten P_a und P_b in die Uferzone über.

2.3 Begründen Sie, dass die maximale Tiefe des Flussbetts gegenüber der Uferzone 2,0 m beträgt.

Weisen Sie nach, dass die Profillinie des Flussbetts symmetrisch ist.

Zeigen Sie, dass das Flussbett 20,0 m breit ist.

Erreichbare BE-Anzahl: 5

2.4 Ermitteln Sie, in welcher Tiefe des Flussbetts gegenüber der Uferzone der Anstieg der Profillinie des Flussbetts am größten ist.

Erreichbare BE-Anzahl: 3

Als Durchfluss Q $\left(\text{in } \frac{m^3}{s}\right)$ eines Fließgewässers wird das Wasservolumen bezeichnet, das in einer Sekunde die Querschnittsfläche des Gewässers passiert. Es gilt: $Q = v_m \cdot A$ mit

v_m: mittlere Fließgeschwindigkeit in $\frac{m}{s}$,

A: Inhalt der Querschnittsfläche (Fläche, die von der Wasseroberfläche und der Profillinie des Flussbetts begrenzt wird) in m^2

2.5 Die Wasseroberfläche befindet sich 1,8 m über dem tiefsten Punkt des Flussbetts. Bestimmen Sie den Durchfluss bei einer mittleren Fließgeschwindigkeit von $3{,}2\,\frac{m}{s}$.

Erreichbare BE-Anzahl: 4

2.6 Zeigen Sie, dass ein Durchfluss von $100{,}0\,\frac{m^3}{s}$ bei einer mittleren Fließgeschwindigkeit von $4{,}0\,\frac{m}{s}$ zur Überschwemmung der Uferzone führt.

Erreichbare BE-Anzahl: 3

Zum Hochwasserschutz wurde ein Deich außerhalb der Uferzone errichtet. Ein Teil des Deiches kann in einem dreidimensionalen kartesischen Koordinatensystem (1 Längeneinheit entspricht 1 Meter) näherungsweise als gerades Prisma beschrieben werden. Die Grundfläche OABC des Prismas liegt dabei in der y-z-Koordinatenebene (siehe Abbildung 2).

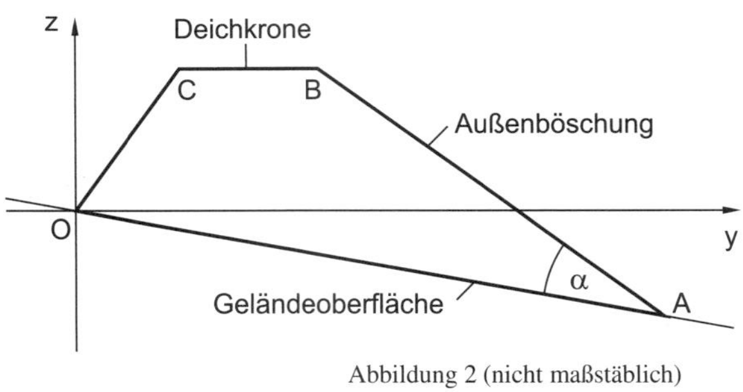

Abbildung 2 (nicht maßstäblich)

Die Ebene, in der die Deichkrone liegt, verläuft parallel zur x-y-Koordinatenebene. Die Ebene E_1, in der die Außenböschung liegt, ist durch die Gleichung $E_1\colon y + 2 \cdot z = 12{,}0$ beschrieben.

Die Geländeoberfläche liegt in einer Ebene E_2, die durch die Gleichung

$$E_2\colon \vec{x} = \begin{pmatrix} 4{,}0 \\ 7{,}0 \\ -1{,}0 \end{pmatrix} + r \cdot \begin{pmatrix} 1{,}0 \\ 7{,}0 \\ -1{,}0 \end{pmatrix} + s \cdot \begin{pmatrix} 2{,}0 \\ -7{,}0 \\ 1{,}0 \end{pmatrix} \quad (r, s \in \mathbb{R})$$ beschrieben ist.

2.7 Bei modernen Deichen muss der Neigungswinkel α der Außenböschung gegen die Geländeoberfläche kleiner als 20° sein.

Zeigen Sie, dass diese Forderung bei diesem Deich erfüllt ist.

Erreichbare BE-Anzahl: 2

2.8 Der Punkt C hat die Koordinaten $C(0{,}0\,|\,4{,}0\,|\,2{,}0)$. Die Länge der Strecke $\overline{CB}$ gibt die Breite der Deichkrone an.

Bestimmen Sie die Breite der Deichkrone.

Erreichbare BE-Anzahl: 2

Tipps und Hinweise

Teilaufgabe 2.1

- Die gesuchte Wahrscheinlichkeit berechnet sich mittels $(1 - p_{100})^{100}$.

Teilaufgabe 2.2

- Wählen Sie für die Wahrscheinlichkeit des Ereignisses eine geeignete Zufallsgröße X, z. B. „Anzahl der Hochwasser vom Typ HQ 30". Diese Zufallsgröße X ist binomialverteilt mit den Parametern $n = 15$ und $p = \frac{1}{30}$.
- Berechnen Sie die Wahrscheinlichkeit für $X \geq 1$.

Teilaufgabe 2.3

- Bestimmen Sie für die Tiefe des Flussbetts den y-Wert des lokalen Minimumpunktes der Funktion f. Dessen Betrag in Meter entspricht dem zu begründenden Wert.
- Untersuchen Sie die Funktion auf Achsensymmetrie. Zeigen Sie dazu die Gültigkeit der Gleichung $f(-x) = f(x)$.
- Für die Breite des Flussbetts bestimmen Sie die Nullstellen der Funktion f. Der Abstand der Nullstellen in Meter ist die gesuchte Breite.

Teilaufgabe 2.4

Bestimmen Sie die Stelle, an der die Funktion f ihren maximalen Anstieg besitzt. Ermitteln Sie dazu die Stelle, an der die Ableitungsfunktion der Funktion f ihr lokales Maximum besitzt.

Der Betrag des Funktionswertes dieses Punktes in Meter ist die gesuchte Tiefe.

Teilaufgabe 2.5

Berechnen Sie den Inhalt der Querschnittsfläche des Flusses. Nutzen Sie aufgrund der Achsensymmetrie dazu folgenden Ansatz:

$$A = 2 \cdot \left| \int_0^{x_S} (-0{,}2 - f(x))\,dx \right|,$$

wobei x_S eine Schnittstelle zwischen den beiden Funktionsgraphen ist.

Geben Sie den Flächeninhalt in Quadratmeter an und multiplizieren Sie diesen mit der mittleren Fließgeschwindigkeit v_m.

Teilaufgabe 2.6

Berechnen Sie die erforderliche Querschnittsfläche A' und die verfügbare Querschnittsfläche A und vergleichen Sie diese miteinander.

Für A' gilt: $A' = \frac{Q}{v_m}$

Für A gilt: $A = \left| \int_{x_{N_1}}^{x_{N_2}} f(x)\,dx \right| = 2 \cdot \left| \int_0^{x_{N_2}} f(x)\,dx \right|$

Teilaufgabe 2.7

Berechnen Sie den Schnittwinkel zwischen den Ebenen E_1 und E_2 und vergleichen Sie diesen mit dem vorgegebenen Wert.

Teilaufgabe 2.8

Geben Sie die schon bekannten Koordinaten des Punktes B an.

Ermitteln Sie die fehlende y-Koordinate, indem Sie die Koordinaten des Punktes B in die Gleichung der Ebene E_1 einsetzen.

Die Breite der Deichkrone ist der Abstand der y-Koordinaten der Punkte C und B in Meter.

Lösungen

2.1 $p = (1 - p_{100})^{100} = \left(\frac{99}{100}\right)^{100} = \underline{\underline{0{,}3660}}$

2.2 X … Anzahl der Hochwasser vom Typ HQ 30
(X ist binomialverteilt mit $n = 15$, $p = \frac{1}{30}$)

$P(X \geq 1) = 1 - P(X = 0) = 1 - \left(\frac{29}{30}\right)^{15} = \underline{\underline{0{,}3986}}$

Die Lösung kann auch mit einem geeigneten GTR-Programm bestimmt werden.

2.3 Der lokale Minimumpunkt der Funktion f hat die Koordinaten $E_{Min}(0{,}0 \mid -2{,}0)$. Der Betrag der y-Koordinate dieses Punktes in Meter gibt die maximale Tiefe des Flussbetts gegenüber der Uferzone mit 2,0 m an.

Nachweis der Achsensymmetrie des Funktionsgraphen:
Zu zeigen ist:

$$f(-x) = f(x)$$

$$-0{,}0002 \cdot (-x)^4 + 0{,}04 \cdot (-x)^2 - 2{,}0 = -0{,}0002 \cdot x^4 + 0{,}04 \cdot x^2 - 2{,}0$$

$$\underline{\underline{-0{,}0002 \cdot x^4 + 0{,}04 \cdot x^2 - 2{,}0 = -0{,}0002 \cdot x^4 + 0{,}04 \cdot x^2 - 2{,}0}} \quad \text{w. A}$$

Damit ist die Symmetrie der Profillinie des Flussbetts nachgewiesen.

b … Breite des Flussbetts

$b = 2 \cdot |x_N| \quad \text{mit} \quad x_{N_{1;2}} = \pm 10{,}0$

$\underline{b = 20{,}0}$

Das Flussbett ist $\underline{\underline{20{,}0\text{ m}}}$ breit.

Die Nullstellen x_N bestimmt man mittels GTR.

2.4 $f'(x) = -0{,}0008 \cdot x^3 + 0{,}08 \cdot x$

Man stellt den Graphen der Ableitungsfunktion im GRAPH-Menü des GTR dar und liest die Extremstelle x_E des Maximumpunktes ab.

$\underline{x_E = 5{,}77} \quad \Rightarrow \quad \underline{f(x_E) \approx -0{,}9}$

In einer Tiefe von 0,9 m gegenüber der Uferzone ist der Anstieg der Profillinie des Flussbetts am größten.

Alternative: Man kann die Lösung auch direkt im GRAPH-Menü mittels TRACE bestimmen. Der Betrag der y-Koordinate des Punktes mit der größten Steigung ist die gesuchte Lösung in Meter.

2.5 Skizze:

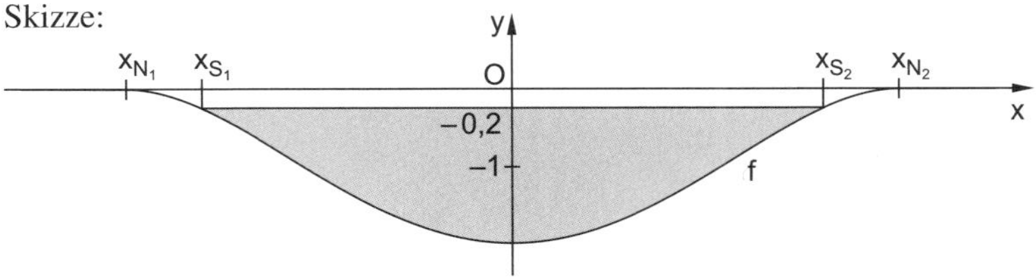

$$A = 2 \cdot \left| \int_0^{x_{S_2}} (-0,2 - f(x))\,dx \right|$$

mit x_S … Schnittstelle zwischen Wasseroberfläche und Profillinie

$x_{S_{1;2}} \approx \pm 8,3$

folgt $\underline{A \approx 17,8\ m^2}$

Durchfluss: $Q = v_m \cdot A$

$$Q \approx 3,2\,\frac{m}{s} \cdot 17,8\ m^2$$

$$\underline{\underline{Q \approx 57\ \frac{m^3}{s}}}$$

Der Durchfluss beträgt $\underline{\underline{\text{ca. } 57\ \frac{m^3}{s}}}$.

2.6 A' … erforderliche Querschnittsfläche
A … verfügbare Querschnittsfläche

$$Q = v_m \cdot A'$$

$$A' = \frac{Q}{v_m}$$

$$A' = \frac{100,0\ \frac{m^3}{s}}{4,0\ \frac{m}{s}}$$

$$\underline{A' = 25,0\ m^2}$$

$$A = 2 \cdot \left| \int_0^{10,0} f(x)\,dx \right|$$

$$\underline{A \approx 21,3\ m^2}$$

$$\Rightarrow\ A < A'$$

Da der Inhalt der verfügbaren Querschnittsfläche kleiner ist als der Inhalt der erforderlichen Querschnittsfläche, wird die Uferzone überschwemmt.

2.7 E_1: $y + 2 \cdot z = 12{,}0$

$$E_2: \ \vec{x} = \begin{pmatrix} 4{,}0 \\ 7{,}0 \\ -1{,}0 \end{pmatrix} + r \begin{pmatrix} 1{,}0 \\ 7{,}0 \\ -1{,}0 \end{pmatrix} + s \begin{pmatrix} 2{,}0 \\ -7{,}0 \\ 1{,}0 \end{pmatrix} \quad (r, s \in \mathbb{R})$$

oder $-y - 7 \cdot z = 0$

α … Schnittwinkel beider Ebenen

$$\cos\alpha = \left| \frac{\vec{n}_1 \circ \vec{n}_2}{|\vec{n}_1| \cdot |\vec{n}_2|} \right| \quad \text{mit} \quad \vec{n}_1 = \begin{pmatrix} 0{,}0 \\ 1{,}0 \\ 2{,}0 \end{pmatrix}; \quad |\vec{n}_1| = \sqrt{5{,}0}$$

$$\text{und} \quad \vec{n}_2 = \begin{pmatrix} 0{,}0 \\ -1{,}0 \\ -7{,}0 \end{pmatrix}; \quad |\vec{n}_2| = \sqrt{50{,}0}$$

$$\cos\alpha = \frac{|-15|}{\sqrt{5{,}0} \cdot \sqrt{50{,}0}}$$

$$\alpha \approx 18{,}4° < 20°$$

Damit ist gezeigt, dass die Forderung erfüllt ist.

Der Schnittwinkel beider Ebenen kann ohne ausführliche Lösung mit einem geeigneten GTR-Programm bestimmt werden.

2.8 $C(0{,}0 \,|\, 4{,}0 \,|\, 2{,}0)$

$B(0{,}0 \,|\, y_B \,|\, 2{,}0)$ in E_1: $y_B + 2 \cdot 2{,}0 = 12{,}0$

$$y_B = 8{,}0$$

b … Breite der Deichkrone

$b = y_B - y_C$

$b = 8{,}0 - 4{,}0$

$\underline{b = 4{,}0}$

Die Deichkrone ist $\underline{\underline{4{,}0 \text{ m}}}$ breit.

Grundkurs Mathematik (Sachsen): Abiturprüfung 2012
Teil A (ohne Rechenhilfsmittel)

1 In den Aufgaben 1.1 bis 1.5 ist von den jeweils fünf Auswahlmöglichkeiten genau eine Antwort richtig. Kreuzen Sie das jeweilige Feld an.

1.1 Die erste Ableitungsfunktion f' der Funktion f mit $f(x) = -\frac{6}{x^3}$ $(x \in D_f)$ kann beschrieben werden durch

$-6x^{-3}$

- ☐ $f'(x) = -\frac{2}{x^2}$ $(x \in D_{f'})$
- ☐ $f'(x) = \frac{3}{x^2}$ $(x \in D_{f'})$
- ☒ $f'(x) = \frac{18}{x^2}$ $(x \in D_{f'})$
- ☐ $f'(x) = -\frac{2}{x^4}$ $(x \in D_{f'})$
- ☒ $f'(x) = \frac{18}{x^4}$ $(x \in D_{f'})$

1.2 Welchen Anstieg besitzt der Graph der Funktion f mit $f(x) = -2 \cdot e^{2 \cdot x + 3}$ $(x \in \mathbb{R})$ an der Stelle $x = -2$?

☐	☐	☒	☐	☐
$-4 \cdot e^2$	$-2 \cdot e^2$	$-4 \cdot e^{-1}$	$-2 \cdot e^{-1}$	$-e^{-1}$

1.3 Welches bestimmte Integral hat den Wert 0?

☐	☐	☒	☐	☐
$\int_{-2}^{2} (x^2 + 2)\,dx$	$\int_{-2}^{2} e^x\,dx$	$\int_{-2}^{2} \sin x\,dx$	$\int_{-2}^{2} x^4\,dx$	$\int_{-2}^{2} (x+1)\,dx$

1.4 Die Gerade g mit g: $\vec{x} = \begin{pmatrix} 0 \\ 4 \\ -3 \end{pmatrix} + t \cdot \begin{pmatrix} -2 \\ 0 \\ 5 \end{pmatrix}$ $(t \in \mathbb{R})$ verläuft

☐	☒	☐	☐	☐
parallel zur y-Achse	parallel zur x-z-Koordinatenebene	senkrecht zur x-Achse	senkrecht zur x-y-Koordinatenebene	durch den Koordinatenursprung

1.5 Der Betrag des Vektorproduktes aus den beiden Vektoren $\begin{pmatrix} 1 \\ -2 \\ 3 \end{pmatrix}$ und $\begin{pmatrix} 4 \\ 2 \\ 0 \end{pmatrix}$ ergibt

- ☐ null
- ☒ den Flächeninhalt des von den beiden Vektoren aufgespannten Parallelogramms
- ☐ den Flächeninhalt des von den beiden Vektoren aufgespannten Dreiecks
- ☐ einen Vektor, der zu jedem der beiden Vektoren senkrecht verläuft
- ☐ einen Vektor, der in einer Ebene mit den beiden Vektoren liegt

Erreichbare BE-Anzahl: 5

2 In einem kartesischen Koordinatensystem bilden die Punkte $A(-1\,|\,1\,|\,2)$, $B(3\,|\,-2\,|\,4)$ und $C(4\,|\,-3\,|\,5)$ ein Dreieck ABC.

Ermitteln Sie die Koordinaten des Punktes D so, dass das Viereck ABCD ein Trapez ist und für die Vektoren $\overrightarrow{DC}$ und $\overrightarrow{AB}$ gilt: $\overrightarrow{DC} = 2 \cdot \overrightarrow{AB}$

Erreichbare BE-Anzahl: 2

3 Eine verbeulte Münze wird genau dreimal nacheinander geworfen und es wird jedes Mal festgestellt, ob entweder Wappen oder Zahl gefallen ist.

Die Wahrscheinlichkeit für das Fallen von Zahl beträgt $\frac{3}{5}$.

Die Zufallsgröße X beschreibt die Anzahl der Würfe, bei denen Zahl fällt.

Ermitteln Sie die Wahrscheinlichkeit $P(X=2)$.

Erreichbare BE-Anzahl: 2

4 Gegeben ist die Funktion f mit $y = f(x) = x^2 + 2 \cdot x - 3 \quad (x \in \mathbb{R})$.

4.1 Die Gerade g verläuft durch die Punkte $P(0\,|\,f(0))$ und $Q(2\,|\,f(2))$.

Ermitteln Sie die Stelle x, an der die Tangente an den Graphen von f parallel zur Geraden g verläuft.

Erreichbare BE-Anzahl: 3

4.2 Der Graph der Funktion f und die x-Achse begrenzen eine Fläche vollständig.

Berechnen Sie den Inhalt dieser Fläche.

Erreichbare BE-Anzahl: 3

Tipps und Hinweise

Teilaufgabe 1.1

- Wandeln Sie die Funktion in ein Produkt um und wenden Sie die Faktorregel zum Differenzieren an oder nutzen Sie die Quotientenregel.

Teilaufgabe 1.2

- Bestimmen Sie die erste Ableitung der Funktion f an der Stelle $x = -2$.

Teilaufgabe 1.3

- Der Wert eines der bestimmten Integrale ist null, wenn die Größen der Flächenstücke, die die Funktion mit der x-Achse unterhalb und oberhalb der x-Achse einschließt, identisch sind. Da die Integrationsgrenzen symmetrisch zur y-Achse liegen, müssen Sie nur die Funktion auswählen, welche punktsymmetrisch zum Koordinatenursprung ist.
- Alternativ wäre auch eine Berechnung der Integrale möglich, aber wesentlich zeitaufwendiger.

Teilaufgabe 1.4

- Untersuchen Sie die Gerade z. B. auf Durchstoßpunkte durch die Koordinatenebenen. Leiten Sie aus diesem Ergebnis die richtige Folgerung ab.

Teilaufgabe 1.5

- Beachten Sie die Eigenschaften des Vektorproduktes.

Teilaufgabe 2

- Stellen Sie den Sachverhalt in einer Skizze dar.
- Berechnen Sie das Doppelte des Vektors $\overrightarrow{AB}$, also $2 \cdot \overrightarrow{AB}$.
- Für die Koordinaten des Vektors $\overrightarrow{DC}$ gilt: $\overrightarrow{DC} = \begin{pmatrix} x_C - x_D \\ y_C - y_D \\ z_C - z_D \end{pmatrix} = 2 \cdot \overrightarrow{AB}$
- Setzen Sie die Punktkoordinaten des Punktes C ein und berechnen Sie zeilenweise die Koordinaten des Punktes D.

Teilaufgabe 3

- Stellen Sie den Sachverhalt in einem Baumdiagramm dar.
- Wählen Sie die Pfade aus, bei denen zweimal Zahl fällt.
- Berechnen Sie die gesuchte Wahrscheinlichkeit unter Nutzung der Pfadregeln für mehrstufige Zufallsversuche.

Teilaufgabe 4.1

- Die Tangente verläuft parallel zur Geraden g, wenn die Anstiege beider Geraden übereinstimmen.
- Ermitteln Sie den Anstieg der Geraden g mit dem Differenzenquotienten $m_g = \frac{\Delta y}{\Delta x} = \frac{y_P - y_Q}{x_P - x_Q}$, wobei $y_P = f(0)$ und $y_Q = f(2)$ gilt.
- Berechnen Sie die 1. Ableitung der Funktion f.
- Wählen Sie den Ansatz $m_t = f'(x) = m_g$. Berechnen Sie die Stelle x, welche diese Gleichung erfüllt.

Teilaufgabe 4.2

- Für die Flächenberechnung können Sie folgenden Ansatz nutzen:

$$A = \left| \int_{x_{N_1}}^{x_{N_2}} f(x)\,dx \right|$$

- Berechnen Sie die Nullstellen x_N der Funktion f z. B. mit der Lösungsformel für quadratische Gleichungen.
- Wenden Sie zur Berechnung des Integrals den Hauptsatz der Differenzial- und Integralrechnung an.

Lösungen

1 *Vorbemerkung:* Als Lösung ist nur das Kreuz im jeweils richtigen Feld verlangt; im Folgenden sind zusätzlich Rechnungen und Begründungen für die richtige Antwort angegeben.

1.1 Richtige Antwort: Kreuz in Feld 5

$$f(x) = -\frac{6}{x^3} = -6x^{-3}$$

$$f'(x) = -6 \cdot (-3) \cdot x^{-4} = \frac{18}{x^4}$$

1.2 Richtige Antwort: Kreuz in Feld 3

$$f'(x) = -2 \cdot 2 \cdot e^{2x+3} = -4 \cdot e^{2x+3}$$

$$f'(-2) = -4 \cdot e^{2 \cdot (-2)+3} = -4 \cdot e^{-1}$$

1.3 Richtige Antwort: Kreuz in Feld 3

Die Funktion $f(x) = \sin x$ ist punktsymmetrisch zum Koordinatenursprung und da die Integrationsgrenzen symmetrisch zur y-Achse liegen, sind die betrachteten Flächenstücke von gleicher Größe, liegen aber unterhalb bzw. oberhalb der x-Achse. Somit ist der Wert des bestimmten Integrals 0.

1.4 Richtige Antwort: Kreuz in Feld 2

Die Gerade g verläuft parallel zur x-z-Koordinatenebene, da kein Durchstoßpunkt mit dieser Ebene existiert. Für diesen müsste gelten: $y = 4 + 0 \cdot t = 0$
Diese Gleichung ist für kein $t \in \mathbb{R}$ erfüllt.

1.5 Richtige Antwort: Kreuz in Feld 2

Der Flächeninhalt des von zwei Vektoren $\vec{a}$ und $\vec{b}$ im Raum aufgespannten Parallelogramms berechnet sich mit $A = |\vec{a} \times \vec{b}|$.

2 Es gilt:

$$2 \cdot \overrightarrow{AB} = \overrightarrow{DC}$$

$$2 \cdot \begin{pmatrix} 4 \\ -3 \\ 2 \end{pmatrix} = \begin{pmatrix} 8 \\ -6 \\ 4 \end{pmatrix} = \begin{pmatrix} 4 - x_D \\ -3 - y_D \\ 5 - z_D \end{pmatrix} \Rightarrow \underline{\underline{D(-4|3|1)}}$$

Skizze:

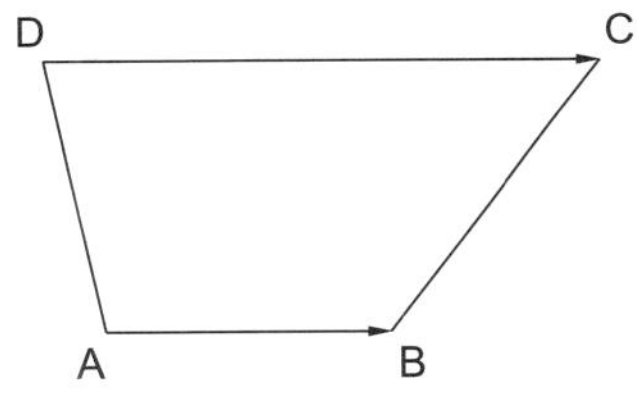

3 X … Anzahl der Würfe, bei denen Zahl fällt.

$$P(X = 2) = P(ZZW) + P(ZWZ) + P(WZZ)$$

$$P(X = 2) = 3 \cdot \frac{3}{5} \cdot \frac{3}{5} \cdot \frac{2}{5}$$

$$\underline{\underline{P(X = 2) = \frac{54}{125}}}$$

Baumdiagramm:

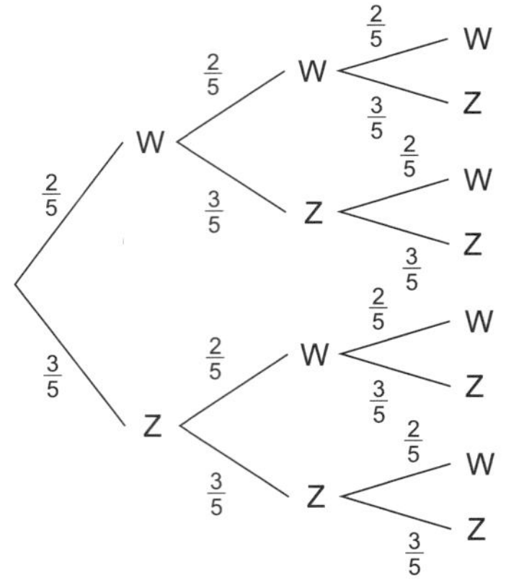

4.1 m_g … Anstieg der Geraden g
m_t … Anstieg der Tangente t

$$m_g = \frac{\Delta y}{\Delta x} = \frac{y_P - y_Q}{x_P - x_Q}$$

Mit $y_P = f(0) = -3$ und $y_Q = f(2) = 5$ folgt:

$$m_g = \frac{-3-5}{0-2} = 4$$

Die Tangente t verläuft parallel zur Geraden g, wenn gilt: $m_t = m_g$

$$m_t = f'(x) = 2x + 2 = 4 = m_g$$

$$\underline{\underline{x = 1}}$$

An der Stelle $\underline{\underline{x = 1}}$ verläuft die Tangente an den Graphen von f parallel zur Geraden g.

4.2 $f(x) = x^2 + 2x - 3 = (x+1)^2 - 4$

Skizze:

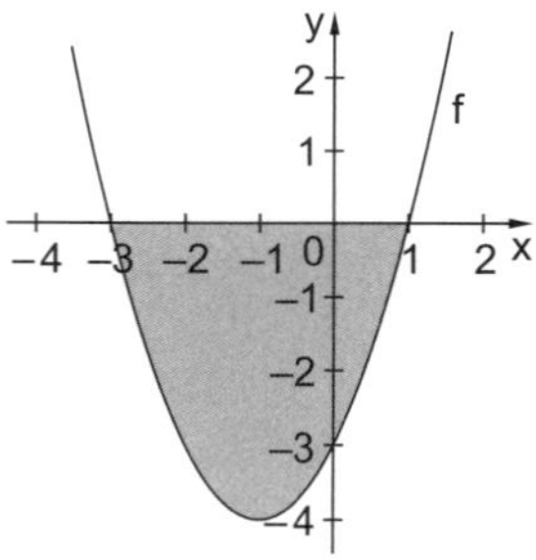

Nullstellen:

$$f(x_N) = 0 = x_N^2 + 2x_N - 3$$

$$x_{N_{1;2}} = -1 \pm \sqrt{1+3}$$

$$x_{N_{1;2}} = -1 \pm 2$$

$$x_{N_1} = -1 - 2 = -3$$

$$x_{N_2} = -1 + 2 = 1$$

A … Flächeninhalt

$$A = \left| \int_{x_{N_1}}^{x_{N_2}} f(x)\,dx \right|$$

$$A = \left| \int_{-3}^{1} (x^2 + 2x - 3)\,dx \right| = \left| \left[\frac{x^3}{3} + x^2 - 3x \right]_{-3}^{1} \right|$$

$$A = \left| \left(\frac{1}{3} + 1 - 3 \right) - \left(-\frac{27}{3} + 9 + 9 \right) \right| = \left| -\frac{5}{3} - \frac{27}{3} \right|$$

$$\underline{\underline{A = \frac{32}{3}}}$$

Der Inhalt der Fläche beträgt $\underline{\underline{\frac{32}{3} \text{ FE}}}$.

Grundkurs Mathematik (Sachsen): Abiturprüfung 2012
Teil B – Aufgabe 1

Bei der Auswertung eines Hochwassers über einen Zeitraum von einer Woche (168 Stunden) stellte man fest, dass sich der Pegelstand y (in Meter) eines Flusses in Abhängigkeit von der Zeit t (in Stunden) für einen bestimmten Ort näherungsweise durch den Graphen der Funktion f mit der Gleichung
$y = f(t) = -0{,}000003438 \cdot t^3 + 0{,}0006286 \cdot t^2 - 0{,}011 \cdot t + 7{,}661 \quad (t \in \mathbb{R},\ 0 \le t \le 168)$
beschreiben lässt (siehe Abbildung 1).

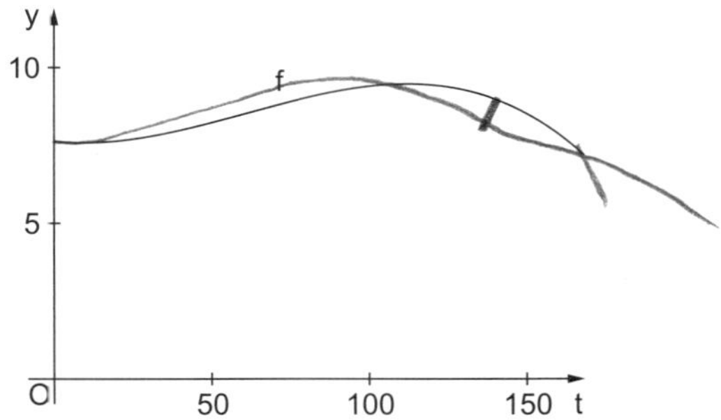

Abbildung 1 (nicht maßstäblich)

1.1 Der normale Pegelstand dieses Flusses beträgt 2,50 m.

Zeigen Sie, dass entsprechend dieser Auswertung der höchste Pegelstand vom normalen Pegelstand um 6,98 m abwich.

Erreichbare BE-Anzahl: 2

1.2 Ab einem Pegelstand von 9,00 m darf der ufernahe Parkplatz nicht genutzt werden.

Ermitteln Sie, für wie viele Stunden dieser Parkplatz aus diesem Grund nicht genutzt werden durfte.

Erreichbare BE-Anzahl: 3

1.3 Bestimmen Sie, wann der Pegelstand im vorgegebenen Zeitraum am stärksten stieg.

Erreichbare BE-Anzahl: 2

1.4 Aus späteren Berechnungen ergab sich für die Darstellung der Abhängigkeit des Pegelstandes y (in Meter) von der Zeit t (in Stunden) die Funktion g mit der Gleichung $y = g(t) = 0{,}9 \cdot \cos(0{,}032 \cdot t - 3{,}2) + 8{,}5 \quad (t \in \mathbb{R}, 0 \le t \le 168)$.

Ermitteln Sie die Zeit, zu der die von den Funktionen f und g beschriebenen Pegelstände im Intervall $0 \le t \le 168$ am meisten voneinander abwichen.

Geben Sie die größte Abweichung an.

Erreichbare BE-Anzahl: 3

1.5 Auf einem nahezu geradlinig verlaufenden Abschnitt soll das Flussbett verbreitert und vertieft werden.

Die Profillinie des ursprünglichen Flussbettes kann im gesamten Abschnitt in einem kartesischen Koordinatensystem (1 Längeneinheit entspricht 1 Meter) näherungsweise durch den Graphen der Funktion h mit $y = h(x) = \frac{1}{90} \cdot x^2 - \frac{5}{2}$ $(x \in \mathbb{R}, -15 \leq x \leq 15)$ beschrieben werden.

Durch Abbaggern soll das Flussbett die maximale Tiefe von 3 m und eine Breite von 35 m besitzen.

Die Profillinie des neuen Flussbettes kann ebenfalls näherungsweise im gesamten Abschnitt durch einen zur y-Achse symmetrischen Graphen einer ganzrationalen Funktion zweiten Grades beschrieben werden (siehe Abbildung 2).

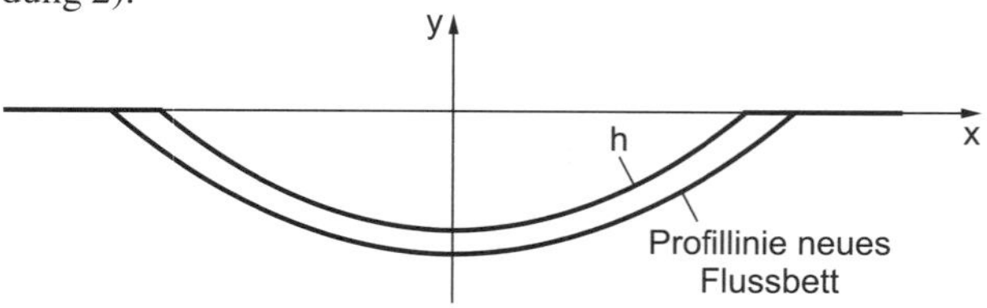

Abbildung 2 (nicht maßstäblich)

Ermitteln Sie eine Gleichung der Funktion, deren Graph die Profillinie des neuen Flussbettes beschreibt.

Bestimmen Sie, wie viele Kubikmeter Erdreich in einem 100 m langen Abschnitt des Flussbettes abgetragen werden müssen.

Erreichbare BE-Anzahl: 5

1.6 Von den auf dem ufernahen Parkplatz parkenden Fahrzeugen sind erfahrungsgemäß 70 % Pkw, 20 % Reisebusse und 10 % Lkw.

Ermitteln Sie die Wahrscheinlichkeit dafür, dass sich unter 80 parkenden Fahrzeugen höchstens ein Lkw befindet.

Berechnen Sie die Wahrscheinlichkeit dafür, dass sich unter 80 parkenden Fahrzeugen mehr Pkw befinden, als man erwarten kann.

Erreichbare BE-Anzahl: 4

1.7 Die zu einem Zeitpunkt auf dem Parkplatz abgestellten Fahrzeuge besitzen zu 70 % ein sächsisches Kennzeichen.
60 % der zu diesem Zeitpunkt auf dem Parkplatz abgestellten Fahrzeuge mit sächsischem Kennzeichen besitzen eine aufgeklebte grüne Umweltplakette, 80 % der abgestellten Fahrzeuge ohne sächsisches Kennzeichen haben ebenfalls eine aufgeklebte grüne Umweltplakette.

Ermitteln Sie den prozentualen Anteil der auf dem Parkplatz zu diesem Zeitpunkt abgestellten Fahrzeuge, die keine aufgeklebte grüne Umweltplakette besitzen.

Erreichbare BE-Anzahl: 2

Tipps und Hinweise

Teilaufgabe 1.1

- Bestimmen Sie den maximalen Funktionswert im vorgegebenen Intervall.
- Zum Nachweis der Abweichung subtrahieren Sie von diesem Wert den normalen Pegelstand von 2,50 m.

Teilaufgabe 1.2

- Bestimmen Sie die Zeiten, für welche $f(t)=9{,}00$ gilt.
- Ermitteln Sie die Differenz beider Zeiten und beachten Sie, dass Sie das Ergebnis in Stunden angeben müssen.

Teilaufgabe 1.3

- Bestimmen Sie die Stelle, an der die Funktion f ihren maximalen Anstieg besitzt. Ermitteln Sie dazu die Stelle, an der die Ableitungsfunktion der Funktion f ihr lokales Maximum besitzt.
- Dieser t-Wert in Stunden ist die gesuchte Zeit.

Teilaufgabe 1.4

- Erstellen Sie die Gleichung einer Funktion, welche die Abweichung der Pegelstände beschreibt, z. B. $d(t)=|f(t)-g(t)|$.
- Bestimmen Sie die Koordinaten der Maximumpunkte und die Koordinaten der Randpunkte dieser Funktion im vorgegebenen Intervall.
- Wählen Sie den Punkt mit dem größten Funktionswert aus.
- Das Argument dieses Punktes ist die gesuchte Zeit in Stunden und der Funktionswert dieses Punktes ist die größte Abweichung in Meter.

Teilaufgabe 1.5

- Die Gleichung der gesuchten ganzrationalen Funktion zweiten Grades hat die Form $y=p(x)=ax^2+c$, da der Graph der Funktion symmetrisch zur y-Achse ist.
- Ersetzen Sie c durch den Funktionswert des tiefsten Punktes und berechnen Sie a, indem Sie die Hälfte der Breite des Flussbettes als Nullstelle in die Gleichung einsetzen.
- Für das Volumen können Sie folgenden Ansatz nutzen:

$$V=\left|2\cdot\left[\int_0^{\frac{35}{2}} p(x)\,dx-\int_0^{15} h(x)\,dx\right]\right|\cdot 100$$

- Der berechnete Wert in m^3 entspricht dem abgetragenen Erdreich.

Teilaufgabe 1.6

- Wählen Sie für die erste Wahrscheinlichkeit eine geeignete Zufallsgröße X, z. B. „Anzahl der parkenden Lkw“. Diese Zufallsgröße X ist binomialverteilt mit den Parametern $n = 80$ und $p = 0{,}1$.
- Berechnen Sie die Wahrscheinlichkeit für $X \leq 1$.
- Wählen Sie für die zweite Wahrscheinlichkeit eine geeignete Zufallsgröße Y, z. B. „Anzahl der parkenden Pkw“. Diese Zufallsgröße Y ist binomialverteilt mit den Parametern $n = 80$ und $p = 0{,}7$.
- Berechnen Sie den Erwartungswert E mit $E(Y) = n \cdot p$.
- Berechnen Sie die Wahrscheinlichkeit für $Y > E$ bzw. $Y \geq E + 1$.

Teilaufgabe 1.7

- Stellen Sie den Sachverhalt in einem Baumdiagramm dar.
- Wählen Sie die Pfade mit den Fahrzeugen, die keine aufgeklebte grüne Umweltplakette besitzen.
- Berechnen Sie die gesuchte Wahrscheinlichkeit unter Nutzung der Pfadregeln.

Lösungen

1.1 $y = f(t) = -0{,}000003438 \cdot t^3 + 0{,}0006286 \cdot t^2 - 0{,}011 \cdot t + 7{,}661 \quad (t \in \mathbb{R},\ 0 \leq t \leq 168)$

Der lokale und damit im betrachteten Intervall globale Maximumpunkt (vgl. Skizze) hat die Koordinaten $E_{Max}(112{,}40 \mid 9{,}48)$. Die y-Koordinate dieses Punktes beschreibt den höchsten Pegelstand im beobachteten Zeitraum.

Somit gilt: $9{,}48\text{ m} - 2{,}50\text{ m} = 6{,}98\text{ m}$

Der höchste Pegelstand wich also um 6,98 m vom normalen Pegelstand ab.

- Die Koordinaten des Extrempunktes bestimmt man mit dem GTR.

1.2 $f(t) = 9{,}00$

- Man stellt den Graphen der Funktion f im GRAPH-Menü dar und liest die Argumente zum vorgegebenen Funktionswert ab.

$t_1 \approx 78{,}17$ und $t_2 \approx 140{,}21$

$t_2 - t_1 = 62{,}04 \approx 62$

Für ca. 62 Stunden konnte der Parkplatz nicht genutzt werden.

1.3 $f'(x) = -0{,}000010314 \cdot t^2 + 0{,}0012572 \cdot t - 0{,}011$

Man stellt den Graphen der Ableitungsfunktion f' im GRAPH-Menü dar und liest die Extremstelle des Maximumpunktes ab.

$\underline{x_E \approx 61}$

Nach $\underline{\underline{\text{ca. 61 Stunden}}}$ stieg der Pegelstand im gegebenen Zeitraum am stärksten.

Alternative: Man kann die Lösung auch direkt im GRAPH-Menü mittels TRACE bestimmen. Das Argument des Punktes mit der größten Steigung ist die gesuchte Lösung in Stunden.

1.4 $y = g(t) = 0{,}9 \cdot \cos(0{,}032 \cdot t - 3{,}2) + 8{,}5 \quad (t \in \mathbb{R}, 0 \le t \le 168)$

d(t) … Abweichung der Funktionswerte

$d(t) = |f(t) - g(t)| \quad (t \in \mathbb{R}, 0 \le t \le 168)$

$$d(t) = \big| -0{,}000003438 \cdot t^3 + 0{,}0006286 \cdot t^2 - 0{,}011 \cdot t + 7{,}661 - [0{,}9 \cdot \cos(0{,}032 \cdot t - 3{,}2) + 8{,}5] \big|$$

Man stellt den Graphen der Funktion d im GRAPH-Menü dar und liest die Koordinaten der Maximumpunkte ab.

$E_{Max_1}(61{,}00 \,|\, 0{,}24)$ und $E_{Max_2}(131{,}84 \,|\, 0{,}29)$

Zudem lässt man sich die Koordinaten der Randpunkte des Intervalls anzeigen:

$P_1(0 \,|\, 0{,}06)$ und $P_2(168 \,|\, 0{,}74)$

Der Punkt P_2 besitzt den größten Funktionswert.
Die größte Abweichung trat somit nach $\underline{\underline{168\text{ h}}}$ auf und betrug $\underline{\underline{\text{ca. } 0{,}74\text{ m}}}$.

1.5 p(x) … Funktion der Profillinie des neuen Flussbettes

$p(x) = ax^2 + bx + c$

Mit $b = 0$, da der Graph der Funktion symmetrisch zur y-Achse ist,
und $c = -3$, da die maximale Tiefe 3 m beträgt,
folgt $p(x) = ax^2 - 3$.

$$p\left(\frac{35}{2}\right) = a \cdot \left(\frac{35}{2}\right)^2 - 3 = 0$$

(Da bei einer Breite von 35 m die Nullstellen $x_{N_{1;2}} = \pm\frac{35}{2}$ sind.)

$$a = \frac{12}{1225}$$

$$\Rightarrow \underline{\underline{p(x) = \frac{12}{1225}x^2 - 3}}$$

V … Volumen des abzutragenden Erdreiches

$$V = \underbrace{\left| 2 \cdot \left[\int_0^{\frac{35}{2}} p(x)\,dx - \int_0^{15} h(x)\,dx \right] \right|}_{A\,\ldots\,\text{Flächeninhalt der Querschnittsfläche in } m^2} \cdot 100\text{ m}$$

$V = 20\text{ m}^2 \cdot 100\text{ m}$

$\underline{\underline{V = 2\,000\text{ m}^3}}$

Es müssen $\underline{\underline{2\,000\text{ m}^3}}$ Erdreich abgetragen werden.

1.6 X … Anzahl der parkenden Lkw
(X ist binomialverteilt mit n = 80, p = 0,1)

$P(X \leq 1) = \underline{\underline{0{,}0022}}$

Y … Anzahl der parkenden Pkw
(Y ist binomialverteilt mit n = 80, p = 0,7)

$E(Y) = n \cdot p$

$E(Y) = 80 \cdot 0{,}7$

$\underline{E(Y) = 56}$

$P(Y > 56) = P(Y \geq 57) = \underline{\underline{0{,}4579}}$

Die Lösungen bestimmt man jeweils mit einem geeigneten GTR-Programm.

1.7 sK … sächsisches Kennzeichen
gU … aufgeklebte grüne Umweltplakette

$P(\overline{gU}) = 0{,}7 \cdot 0{,}4 + 0{,}3 \cdot 0{,}2$

$\underline{\underline{P(\overline{gU}) = 0{,}34}}$

$\underline{\underline{34\ \%}}$ der zu diesem Zeitpunkt auf dem Parkplatz abgestellten Fahrzeuge besitzen keine aufgeklebte grüne Umweltplakette.

Baumdiagramm:

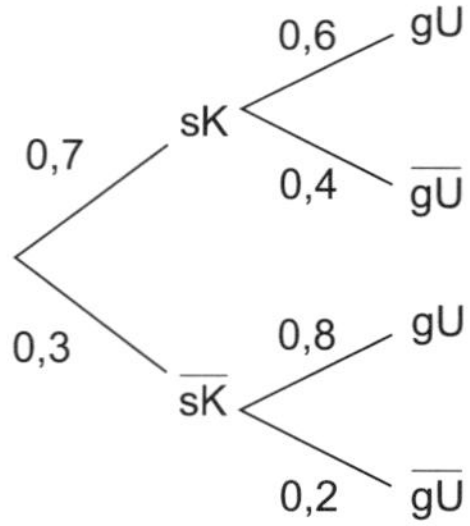

Grundkurs Mathematik (Sachsen): Abiturprüfung 2012
Teil B – Aufgabe 2

Die im Jahr 1904 errichtete und unter Denkmalschutz stehende Personenaufzugsanlage in Bad Schandau in der Sächsischen Schweiz gehört zu den wichtigsten touristischen Attraktionen der Stadt. Sie verbindet das Elbtal mit der Ostrauer Scheibe.

Der aus Stahlpfeilern erbaute symmetrische Turm für den Aufzug besteht aus einem Teil einer quadratischen geraden Pyramide mit aufgesetztem Dach. Die Grundfläche ABCD des Turmes hat eine Breite von 5,20 m und befindet sich im ebenen Gelände.

In einer Höhe von 47,80 m über dem ebenen Gelände hat der Turm eine Breite von 2,50 m. In dieser Höhe befindet sich eine Aussichtsplattform, die durch einen 1,25 m breiten Weg rings um den Turm gebildet wird.

Von der äußeren Begrenzung der Aussichtsplattform führt eine zum ebenen Gelände parallel verlaufende Zugangsbrücke zum Felsplateau. Die Zugangsbrücke wird durch zwei Streben in den Punkten G und H am Felshang abgestützt. Die Streben sind am Rand der Zugangsbrücke in den Punkten L und M befestigt (siehe Abbildung).

Die Konstruktion kann in einem räumlichen kartesischen Koordinatensystem (1 Längeneinheit entspricht 1 Meter) dargestellt werden.

Der Koordinatenursprung O liegt im Mittelpunkt der Grundfläche ABCD des Turmes. Diese Fläche liegt in der x-y-Koordinatenebene. Der Punkt A hat die Koordinaten $A(2{,}60\,|\,-2{,}60\,|\,0{,}00)$.

Der an einer inneren Ecke der Aussichtsplattform liegende Punkt E besitzt die Koordinaten $E(1{,}25\,|\,-1{,}25\,|\,47{,}80)$.

Auf der Mittellinie der Zugangsbrücke mit einer Gesamtlänge von 35,00 m und einer Breite von 3,00 m liegt der Punkt F. Im Punkt F geht die Zugangsbrücke in das Felsplateau über.

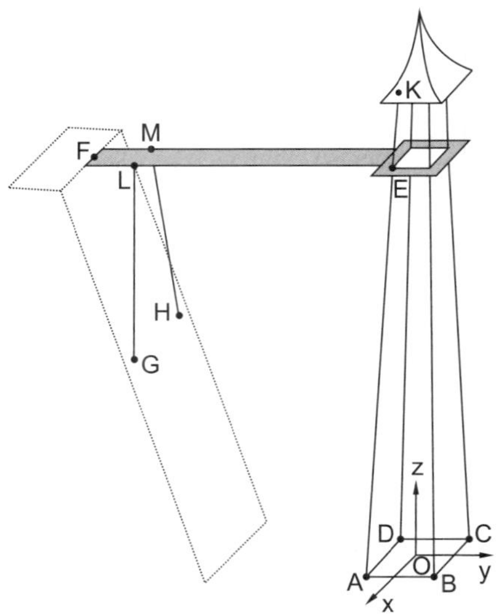

Abbildung (nicht maßstäblich)

2.1 Geben Sie die Koordinaten des Punktes D an.
Geben Sie eine Gleichung der Ebene an, in welcher die Grundfläche ABCD des Turmes liegt.

Geben Sie eine Gleichung der Geraden an, welche die Punkte A und E enthält.

Geben Sie die Länge des Teilstücks $\overline{AE}$ des Pfeilers an.

Im Punkt K liegt das Dach auf dem Pfeiler, der die Punkte A und E enthält, auf.
Der Punkt K hat vom Punkt E einen Abstand von 2,50 m.
Ermitteln Sie die Koordinaten des Punktes K.

Erreichbare BE-Anzahl: 6

2.2 Begründen Sie, dass der Punkt F die Koordinaten $F(0{,}00\,|\,-37{,}50\,|\,47{,}80)$ besitzt.

Der Felshang, in dem die Punkte F, $G(7{,}00\,|\,-20{,}00\,|\,23{,}00)$ und $H(-7{,}00\,|\,-20{,}00\,|\,23{,}00)$ liegen, kann durch eine Ebene beschrieben werden.
Geben Sie eine Gleichung dieser Ebene an.
Ermitteln Sie den Neigungswinkel dieser Ebene gegenüber dem ebenen Gelände.

Die Strebe $\overline{GL}$ verläuft parallel zur x-z-Koordinatenebene.
Bestimmen Sie die Länge der Strebe $\overline{GL}$.

Erreichbare BE-Anzahl: 7

2.3 Im Jahr 1997 umhüllten die Bad Schandauer den unteren Teil des Turmes bis zur Unterkante der Plattform vollständig mit rotem Stoff. So ging der Turm als „Größte Kerze Deutschlands“ ins Guinness-Buch der Rekorde ein.

Berechnen Sie, wie viel Quadratmeter Stoff insgesamt erforderlich waren, wenn man zum Befestigen 10 % Stoff zusätzlich benötigte.

Erreichbare BE-Anzahl: 4

2.4 Erfahrungsgemäß besitzen 40 % der Personen, die den Aufzug benutzen, eine Kurkarte.

Wie viele Personen mit Kurkarte kann man unter 200 Benutzern des Aufzuges erwarten?

Im Aufzug befinden sich genau 7 Personen.
Ermitteln Sie die Wahrscheinlichkeiten folgender Ereignisse:
Ereignis A: Genau 3 dieser Personen besitzen eine Kurkarte.
Ereignis B: Mindestens 4 dieser Personen besitzen eine Kurkarte.

Ermitteln Sie, wie viele Benutzer des Aufzuges man mindestens befragen muss, um mit einer Sicherheit von mindestens 95 % wenigstens eine Person mit Kurkarte anzutreffen.

Erreichbare BE-Anzahl: 7

Tipps und Hinweise

Teilaufgabe 2.1

- Beachten Sie, dass der Punkt D durch Spiegelung des Punktes A an der y-z-Ebene entsteht, sich somit nur das Vorzeichen der x-Koordinate des Punktes A ändert.
- Die Grundfläche ABCD befindet sich in ebenem Gelände. Alle Punkte dieser Ebene haben die z-Koordinate 0.
- Berechnen Sie die Länge der Strecke $\overline{AE}$ als Abstand zweier Punkte mit dem Lehrsatz des Pythagoras.
- Der Punkt K liegt auf der Geraden g_{AE}: $\vec{x} = \overrightarrow{OA} + r \cdot \overrightarrow{AE}$ $(r \in \mathbb{R})$ durch die Punkte A und E.
- Der zum Punkt K gehörende Parameterwert r_K in der Geradengleichung g_{AE} berechnet sich als Quotient $r_K = \frac{|\overrightarrow{AK}|}{|\overrightarrow{AE}|} = \frac{|\overrightarrow{AE}| + 2{,}50}{|\overrightarrow{AE}|} = \frac{\overline{AE} + 2{,}50}{\overline{AE}}$.

Teilaufgabe 2.2

- Nutzen Sie zur Begründung der Koordinaten des Punktes F folgende Aussagen:
  (1) Der Punkt F liegt auf der Mittellinie der Zugangsbrücke.
  (2) Die Zugangsbrücke ist 35,00 m lang und beginnt an der äußeren Begrenzung der Aussichtsplattform.
  (3) Die Zugangsbrücke verläuft in einer Höhe von 47,80 m parallel zum ebenen Gelände.
- Erstellen Sie die Gleichung der Ebene E_{FGH}.
- Bestimmen Sie den Schnittwinkel zwischen der Ebene E_{FGH} und der Ebene E_{ABCD}.
- Bestimmen Sie die Koordinaten des Punktes L. Beachten Sie dabei:
  (1) Der Punkt L hat den gleichen Abstand zur x-z-Ebene wie der Punkt G.
  (2) L liegt auf dem Rand der 47,80 m hohen und 3,00 m breiten Zugangsbrücke.
- Berechnen Sie die Länge der Strecke $\overline{GL}$ als Abstand zweier Punkte mit dem Lehrsatz des Pythagoras.

Teilaufgabe 2.3

- Beachten Sie, dass sich die Mantelfläche des Turmes bis zur Plattformunterkante aus 4 kongruenten Trapezflächen zusammensetzt.
- Berechnen Sie den Flächeninhalt einer Trapezfläche unter Nutzung der Turmbreiten am Boden und in Höhe der Aussichtsplattform und der Höhe h_S einer Seitenfläche.
- Berechnen Sie die Höhe h_S einer Seitenfläche mithilfe eines rechtwinkligen Stützdreiecks. Dessen Katheten sind die Höhe des Turmes bis zur Aussichtsplattform und die Differenz zwischen halber Turmbreite am Boden und halber Turmbreite in Höhe der Aussichtsplattform.
- Vergessen Sie die 10 % mehr Stoff für die Befestigung nicht. Multiplizieren Sie die berechnete Mantelfläche dazu mit dem Faktor 1,1.

Teilaufgabe 2.4

- Wählen Sie für die erste Wahrscheinlichkeit eine geeignete Zufallsgröße X, z. B. „Anzahl der Personen mit Kurkarte, die den Aufzug benutzen" Diese Zufallsgröße X ist binomialverteilt mit den Parametern $n = 200$ und $p = 0{,}4$.
- Berechnen Sie den Erwartungswert E mit $E(X) = n \cdot p$.
- Wählen Sie für die Wahrscheinlichkeiten der Ereignisse A und B eine geeignete Zufallsgröße Y, z. B. „Anzahl der Personen mit Kurkarte im Aufzug". Diese Zufallsgröße Y ist binomialverteilt mit den Parametern $n = 7$ und $p = 0{,}4$.
- Berechnen Sie die Wahrscheinlichkeit für $Y = 3$.
- Berechnen Sie die Wahrscheinlichkeit für $Y \geq 4$.
- Nutzen Sie zur Berechnung der Mindestzahl der zu befragenden Benutzer des Aufzuges die Beziehung: $P(\text{mindestens ein Erfolg}) = 1 - P(\text{kein Erfolg}) \geq 0{,}95$

Lösungen

2.1 Koordinaten des Punktes D:

$\underline{\underline{D(-2{,}60 \,|\, -2{,}60 \,|\, 0{,}00)}}$

Eine Gleichung der Grundflächenebene E_{ABCD}:

$\underline{\underline{E_{ABCD}\colon\ z = 0}}$

Eine Gleichung der Geraden g_{AE}:

$g_{AE}\colon\ \vec{x} = \overrightarrow{OA} + r \cdot \overrightarrow{AE}$

$$\underline{\underline{g_{AE}\colon\ \vec{x} = \begin{pmatrix} 2{,}60 \\ -2{,}60 \\ 0{,}00 \end{pmatrix} + r \begin{pmatrix} -1{,}35 \\ 1{,}35 \\ 47{,}80 \end{pmatrix} \quad (r \in \mathbb{R})}}$$

Länge der Strecke $\overline{AE}$:

$$|\overrightarrow{AE}| = \left| \begin{pmatrix} -1{,}35 \\ 1{,}35 \\ 47{,}80 \end{pmatrix} \right| = \sqrt{(-1{,}35)^2 + 1{,}35^2 + 47{,}80^2} \approx \underline{47{,}84}$$

Die Länge des Teilstücks $\overline{AE}$ des Pfeilers beträgt $\underline{\underline{\text{ca. } 47{,}84 \text{ m.}}}$

Koordinaten des Punktes K:

Aus g_{AE} mit $r_K = \dfrac{\overline{AK}}{\overline{AE}} = \dfrac{47{,}84 + 2{,}50}{47{,}84} \approx 1{,}05$

folgt $\overrightarrow{OK} = \overrightarrow{OA} + r_K \cdot \overrightarrow{AE}$.

$\Rightarrow\ \underline{\underline{K(1{,}18 \,|\, -1{,}18 \,|\, 50{,}19)}}$

Skizze:

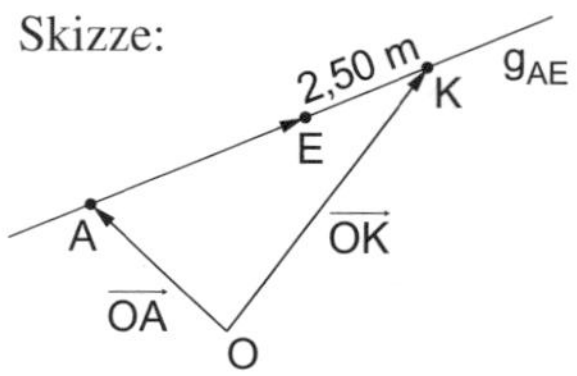

2.2 Der Mittelpunkt N der Aussichtsplattform hat die Koordinaten $N(0{,}00\,|\,0{,}00\,|\,47{,}80)$.

Die x-Koordinaten der Punkte N und F stimmen überein, da F auf der Mittellinie der Zugangsbrücke liegt. Außerdem liegt der Punkt F in der y-z-Ebene.

Die y-Koordinate des Punktes F hat den Wert $y_F = -37{,}50$, da die Zugangsbrücke 35,00 m lang ist und der Abstand zwischen dem Punkt N und der äußeren Begrenzung der Aussichtsplattform 2,50 m (1,25 m halbe Turmbreite + 1,25 m Wegbreite) beträgt. Außerdem befindet sich der Punkt in negativer y-Richtung.

Die z-Koordinate des Punktes F ergibt sich aus der Höhe der Aussichtsplattform von 47,80 m und der Lage der Zugangsbrücke parallel zum ebenen Gelände.

Eine Gleichung der Ebene E_{FGH}:

$$E_{FGH}:\ \vec{x} = \begin{pmatrix} 0{,}00 \\ -37{,}50 \\ 47{,}80 \end{pmatrix} + s\begin{pmatrix} 7{,}00 \\ 17{,}50 \\ -24{,}80 \end{pmatrix} + t\begin{pmatrix} -7{,}00 \\ 17{,}50 \\ -24{,}80 \end{pmatrix} \quad (s, t \in \mathbb{R})$$

oder $\underline{\underline{E_{FGH}:\ -248y - 175z = 935}}$

α ... Neigungswinkel der Ebene E_{FGH} gegenüber dem ebenen Gelände E_{ABCD}

$$\cos\alpha = \frac{|\vec{n}_1 \circ \vec{n}_2|}{|\vec{n}_1| \cdot |\vec{n}_2|} \quad \text{mit} \quad \vec{n}_1 = \vec{n}_{E_{FGH}} = \begin{pmatrix} 0 \\ -248 \\ -175 \end{pmatrix}, \quad |\vec{n}_1| = \sqrt{92\,129}$$

$$\text{und} \quad \vec{n}_2 = \vec{n}_{E_{ABCD}} = \begin{pmatrix} 0 \\ 0 \\ 1 \end{pmatrix}, \quad |\vec{n}_2| = 1$$

$$\cos\alpha = \frac{175}{1 \cdot \sqrt{92\,129}}$$

$$\underline{\underline{\alpha \approx 54{,}8^\circ}}$$

Die Ebene E_{FGH} ist gegenüber dem Gelände um ca. $\underline{\underline{54{,}8^\circ}}$ geneigt.

Der Neigungswinkel kann auch ohne ausführliche Rechnung mit einem geeigneten GTR-Programm bestimmt werden.

Länge der Strebe $\overline{GL}$:

$\overline{GL} \parallel$ x-z-Ebene $\Rightarrow y_L = y_G = -20{,}00$

L ist Randpunkt der 3,00 m breiten und 47,80 m hohen Zugangsbrücke:

$\Rightarrow\ x_L = x_F + 1{,}50 = 1{,}50$

$\quad\ z_L = z_F = 47{,}80$

$\Rightarrow\ L(1{,}50\,|\,-20{,}00\,|\,47{,}80)$

$$\overline{GL} = |\overrightarrow{GL}| = \left|\begin{pmatrix} -5{,}50 \\ 0{,}00 \\ 24{,}80 \end{pmatrix}\right| = \sqrt{(-5{,}50)^2 + 24{,}80^2} \approx \underline{25{,}40}$$

Die Strebe $\overline{GL}$ hat eine Länge von $\underline{\underline{\text{ca. } 25{,}40\text{ m}}}$.

2.3 A_M … Mantelfläche des Turmes bis zur Plattformunterkante
A_S … Seitenfläche des Turmes bis zur Plattformunterkante

$$A_S = \frac{1}{2}(5{,}20 + 2{,}50) \cdot h_S$$

Skizze:

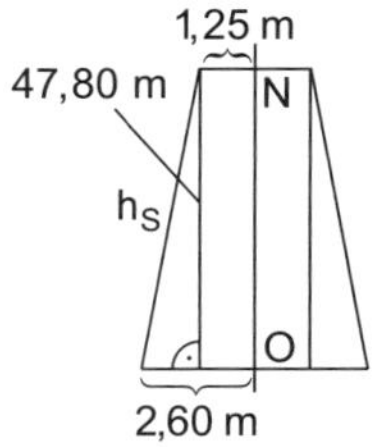

mit $h_S = \sqrt{(2{,}60 - 1{,}25)^2 + 47{,}80^2}$

$$h_S \approx 47{,}82$$

$$A_S \approx \frac{1}{2} \cdot (5{,}20 + 2{,}50) \cdot 47{,}82$$

$$\underline{A_S \approx 184{,}11}$$

$$A_M = 4 \cdot A_S$$

$$\underline{A_M \approx 736{,}44}$$

$$A_{Stoff} = 1{,}1 \cdot A_M$$

$$\underline{A_{Stoff} \approx 810}$$

Es waren insgesamt ca. $\underline{\underline{810\ \text{m}^2}}$ Stoff erforderlich.

2.4 X … Anzahl der Personen mit Kurkarte, die den Aufzug benutzen
(X ist binomialverteilt mit n = 200, p = 0,4)

$$E(X) = n \cdot p$$

$$E(X) = 200 \cdot 0{,}4$$

$$\underline{\underline{E(X) = 80}}$$

Unter 200 Benutzern des Aufzuges kann man $\underline{\underline{\text{80 Personen}}}$ mit Kurkarte erwarten.

Y … Anzahl der Personen mit Kurkarte im Aufzug
(Y ist binomialverteilt mit n = 7, p = 0,4)

$$P(A) = P(Y = 3) = \underline{\underline{0{,}2903}}$$

$$P(B) = P(Y \geq 4) = \underline{\underline{0{,}2898}}$$

Die Lösungen bestimmt man mit einem geeigneten GTR-Programm.

$$P(X \geq 1) = 1 - P(X = 0) \geq 0{,}95$$

$$P(X = 0) \leq 0{,}05$$

$$\binom{n}{0} \cdot 0{,}4^0 \cdot 0{,}6^n \leq 0{,}05$$

$$n \geq \frac{\ln 0{,}05}{\ln 0{,}6}$$

$$n \geq 5{,}86$$

$\Rightarrow$ Man muss $\underline{\underline{\text{mindestens 6 Benutzer}}}$ des Aufzuges befragen.

Ihre Meinung ist uns wichtig!

Ihre Anregungen sind uns immer willkommen. Bitte informieren Sie uns mit diesem Schein über Ihre Verbesserungsvorschläge!

Titel-Nr.	Seite	Vorschlag

Bitte hier abtrennen

Bitte hier abtrennen

Zutreffendes bitte ankreuzen!

Die Absenderin/der Absender ist:

- ☐ Lehrer/in in den Klassenstufen: ____
- ☐ Fachbetreuer/in
  Fächer: ____
- ☐ Seminarlehrer/in
  Fächer: ____
- ☐ Regierungsfachberater/in
  Fächer: ____
- ☐ Oberstufenbetreuer/in
- ☐ Schulleiter/in
- ☐ Referendar/in, Termin 2. Staatsexamen: ____
- ☐ Leiter/in Lehrerbibliothek
- ☐ Leiter/in Schülerbibliothek
- ☐ Sekretariat
- ☐ Eltern
- ☐ Schüler/in, Klasse: ____
- ☐ Sonstiges: ____

Unterrichtsfächer: (Bei Lehrkräften!)

STARK Verlag
Postfach 1852
85318 Freising

22-VMN

Bitte ausfüllen und im frankierten Umschlag an uns einsenden. Für Fensterkuverts geeignet.

Kennen Sie Ihre Kundennummer? Bitte hier eintragen.

Absender (Bitte in Druckbuchstaben!)

Name/Vorname

Straße/Nr.

PLZ/Ort/Ortsteil

Telefon privat

Geburtsjahr

E-Mail

Schule/Schulstempel (Bitte immer angeben!)